普通高校"十三五"规划教材

制 图 基 础

王 农 戚 美 梁会珍 袁义坤 编著

北京航空航天大学出版社

内 容 简 介

本书是根据教育部高等学校工程图学教学指导委员会最新制定的"高等学校工程图学课程教学基本要求",总结多年来工程制图教学改革的实践经验编写而成的。本书主要内容有:制图基本知识、正投影的基本理论、形体的构造及投影、轴测图、机件表达方法等。本书与《制图基础习题集》配套使用。

本书可作为高等工科学校机械类、近机械类专业的教材,也可供高职高专院校的师生及工程技术人员使用和参考。

图书在版编目(CIP)数据

制图基础 / 王农等编著. --北京:北京航空航天大学出版社,2019.7
ISBN 978-7-5124-3011-2

Ⅰ. ①制… Ⅱ. ①王… Ⅲ. ①工程制图—高等学校—教材 Ⅳ. ①TB23

中国版本图书馆 CIP 数据核字(2019)第 103523 号

版权所有,侵权必究。

制图基础

王 农 戚 美 梁会珍 袁义坤 编著
责任编辑 董 瑞

*

北京航空航天大学出版社出版发行

北京市海淀区学院路 37 号(邮编 100191)　http://www.buaapress.com.cn
发行部电话:(010)82317024　传真:(010)82328026
读者信箱:goodtextbook@126.com　邮购电话:(010)82316936
三河市华骏印务包装有限公司印装　各地书店经销

*

开本:787×1 092　1/16　印张:18.75　字数:368 千字
2019 年 8 月第 1 版　2019 年 8 月第 1 次印刷　印数:3 000 册
ISBN 978-7-5124-3011-2　定价:55.00 元/套

若本书有倒页、脱页、缺页等印装质量问题,请与本社发行部联系调换。联系电话:(010)82317024

前　　言

　　为了适应我国制造业的迅速发展,改革传统的教学内容和课程体系成为必然。根据教育部高等学校工程图学教学指导委员会最新制定的"高等学校工程图学课程教学基本要求",作者吸取近年来教育改革的新成果,结合当前在校生的实际状况和特点,并总结多年来的教学经验编写了此书。同时为方便使用,配套编写了《制图基础习题集》。作者将工程制图课堂教学内容与该课程相应的实验教学内容(制图应用、计算机绘图、零部件测绘)分册编写,本套教材作为通识性知识广泛应用于各类理工科专业。

　　本书内容组织紧扣教学基本要求,突出实用性,强调"标准化"意识的建立,注重培养学生的空间思维能力、构形能力和创新能力。

　　本套教材的主要特点如下:

　　1. 贯彻最新《机械制图》《技术制图》国家标准,充分体现本套教材的先进性。

　　2. 精选传统内容。课时的减少和融入新知识的需要,要求必须精简部分章节内容。书中对画法几何部分做了适当删减,降低了难度,以必需、够用为原则,重点突出画图、看图能力的培养。

　　3. 根据专业认证要求突出章节教学的知识目标和能力目标。

　　4. 全部插图都是用绘图软件精确绘制的,为读者提供了大量的立体图,有助于培养学生的空间思维能力、构形能力和创新能力。

　　5. 在文字叙述上力求简单通俗,在内容形式上图文并茂,插图清晰、精美,有助于学生自主学习。

　　6. 为方便使用,同时配套编写了《制图基础习题集》。

　　本书由山东科技大学王农、戚美、梁会珍、袁义坤编著,王嫦娟教授主审,参加编写工作的还有王瑞、王逢德等。杨德星、顾东明提出了许多宝贵的修改意见,在此表示真挚的感谢。

　　本书在编写及出版过程中,得到了山东科技大学教务处、机电学院及制图系的大力支持,在此表示感谢!

　　由于编者水平有限,书中难免出现错误和欠妥之处,敬请广大读者及同仁批评指正。

编　者

2019 年 4 月

目 录

绪 论 ……………………………………………………………………………………………… 1

第1章 工程图学的基本知识与基本技能 …………………………………………………… 2

1.1 国家标准《技术制图》《机械制图》的有关规定 ……………………………………… 2
　　1.1.1 图纸幅面及格式(根据 GB/T 14689—2008) …………………………………… 2
　　1.1.2 比例(GB/T 14690—1993) ……………………………………………………… 4
　　1.1.3 字体(GB/T 14691—1993) ……………………………………………………… 5
　　1.1.4 图线(GB/T 4457.4—2002) ……………………………………………………… 6
　　1.1.5 尺寸标注（根据 GB/T 4458.4—2003） ………………………………………… 9

1.2 绘图的基本方法 ……………………………………………………………………… 13
　　1.2.1 绘图工具的使用 ………………………………………………………………… 13
　　1.2.2 几何作图 ………………………………………………………………………… 15

1.3 平面图形的绘制 ……………………………………………………………………… 18
　　1.3.1 平面图形的尺寸分析 …………………………………………………………… 18
　　1.3.2 平面图形的线段分析 …………………………………………………………… 18
　　1.3.3 平面图形的画图步骤 …………………………………………………………… 19

1.4 绘图技能 ……………………………………………………………………………… 20
　　1.4.1 尺规绘图的方法和步骤 ………………………………………………………… 20
　　1.4.2 徒手绘草图的方法 ……………………………………………………………… 21

第2章 点、直线和平面的投影 ……………………………………………………………… 23

2.1 投影法及工程上常用的投影图 ……………………………………………………… 23
　　2.1.1 投影的基本概念 ………………………………………………………………… 23
　　2.1.2 工程上常用的投影图 …………………………………………………………… 24

2.2 点的投影 ……………………………………………………………………………… 25
　　2.2.1 投影面体系 ……………………………………………………………………… 25
　　2.2.2 点在三投影面体系中的投影 …………………………………………………… 26
　　2.2.3 投影面和投影轴上的点 ………………………………………………………… 27
　　2.2.4 两点的相对位置及重影点 ……………………………………………………… 28

2.3 直线的投影 …………………………………………………………………………… 29
　　2.3.1 各种位置直线的投影特性 ……………………………………………………… 29
　　2.3.2 直线段的投影与实长、倾角的关系 …………………………………………… 31
　　2.3.3 直线上点的投影特性 …………………………………………………………… 33

2.3.4 两直线间的相对位置 34
2.4 平面的投影 37
　　2.4.1 平面的表示法 37
　　2.4.2 各种位置平面的投影特性 38
　　2.4.3 平面内的点和直线 40
2.5 直线与平面、平面与平面的相对位置 42
　　2.5.1 直线与平面及两平面间平行问题 42
　　2.5.2 直线与平面及两平面的相交问题 45
　　2.5.3 直线与平面及两平面的垂直问题 49
2.6 换面法 51
　　2.6.1 换面法的基本概念 52
　　2.6.2 点的投影变换规律 52
　　2.6.3 直线在换面法中的三种情况 54
　　2.6.4 平面在换面法中的三种情况 56
　　2.6.5 换面法解题举例 58

第3章 立体及其表面交线 61
3.1 三视图的形成及投影规律 61
3.2 平面立体的三视图及表面取点 61
　　3.2.1 棱柱 62
　　3.2.2 棱锥 63
3.3 曲面立体的三视图及表面取点 63
　　3.3.1 圆柱 64
　　3.3.2 圆锥 65
　　3.3.3 圆球 66
　　3.3.4 圆环 67
　　3.3.5 基本立体的尺寸标注 67
3.4 平面与立体相交 68
　　3.4.1 平面与平面立体相交 69
　　3.4.2 平面与回转体相交 70
3.5 两立体表面相交 77
　　3.5.1 利用积聚性求相贯线 78
　　3.5.2 用辅助平面法求相贯线 80
　　3.5.3 相贯线的特殊情况 83
　　3.5.4 圆柱、圆锥相贯线的变化规律 84

3.5.5　相贯线的近似画法 ………………………………………………………………… 86

第4章　组合体的视图及尺寸标注 …………………………………………………………… 87
4.1　概　述 …………………………………………………………………………………… 87
　　4.1.1　组合体的组成形式 …………………………………………………………………… 87
　　4.1.2　形体之间的表面连接关系 …………………………………………………………… 88
　　4.1.3　形体分析法 …………………………………………………………………………… 90
4.2　组合体三视图的画法 …………………………………………………………………… 92
　　4.2.1　画组合体视图的方法和步骤 ………………………………………………………… 92
　　4.2.2　绘制组合体的草图 …………………………………………………………………… 94
4.3　组合体的尺寸标注 ……………………………………………………………………… 95
　　4.3.1　尺寸标注的基本要求 ………………………………………………………………… 95
　　4.3.2　尺寸基准的确定 ……………………………………………………………………… 95
　　4.3.3　尺寸的种类 …………………………………………………………………………… 96
　　4.3.4　常见板状结构的尺寸标注 …………………………………………………………… 98
　　4.3.5　尺寸布置的要求 ……………………………………………………………………… 98
　　4.3.6　标注尺寸举例 ………………………………………………………………………… 101
4.4　读组合体视图的方法 …………………………………………………………………… 102
　　4.4.1　读图的基本要领 ……………………………………………………………………… 102
　　4.4.2　读图的基本方法 ……………………………………………………………………… 104
　　4.4.3　看图举例 ……………………………………………………………………………… 106
4.5　组合体的构形设计 ……………………………………………………………………… 107
　　4.5.1　组合体的构形设计原则 ……………………………………………………………… 107
　　4.5.2　组合体构形设计的基本方式 ………………………………………………………… 108
　　4.5.3　构型设计应注意的问题 ……………………………………………………………… 109

第5章　轴测投影图 …………………………………………………………………………… 111
5.1　轴测投影图的基本知识 ………………………………………………………………… 111
　　5.1.1　轴测投影图的形成 …………………………………………………………………… 111
　　5.1.2　轴向伸缩系数和轴间角 ……………………………………………………………… 112
　　5.1.3　轴测图的投影特性 …………………………………………………………………… 112
　　5.1.4　轴测图的分类 ………………………………………………………………………… 112
5.2　正等轴测图的画法 ……………………………………………………………………… 112
　　5.2.1　轴间角和轴向伸缩系数 ……………………………………………………………… 112
　　5.2.2　平面立体正等轴测图的画法 ………………………………………………………… 113
　　5.2.3　圆的正等测图 ………………………………………………………………………… 115

  5.2.4 常见回转体的正等测图 ………………………………………………… 116
  5.2.5 截割体、相贯体正等测图的画法 ……………………………………… 117
  5.2.6 画组合体正等测图举例 ………………………………………………… 118
 5.3 斜二等轴测投影图 ……………………………………………………………… 119
  5.3.1 轴间角和轴向伸缩系数 ………………………………………………… 119
  5.3.2 平行于坐标面的圆的斜二测 …………………………………………… 119
  5.3.3 斜二测图画法举例 ……………………………………………………… 121

第6章 机件常用的表达方法 …………………………………………………………… 122
 6.1 视 图 …………………………………………………………………………… 122
  6.1.1 基本视图 ………………………………………………………………… 122
  6.1.2 向视图 …………………………………………………………………… 123
  6.1.3 局部视图 ………………………………………………………………… 123
  6.1.4 斜视图 …………………………………………………………………… 124
 6.2 剖视图 …………………………………………………………………………… 125
  6.2.1 剖视图的概念与画法 …………………………………………………… 125
  6.2.2 剖视图的种类 …………………………………………………………… 129
  6.2.3 剖切面的种类 …………………………………………………………… 135
  6.2.4 剖视图中的规定画法 …………………………………………………… 138
 6.3 断面图 …………………………………………………………………………… 139
  6.3.1 断面图的概念 …………………………………………………………… 139
  6.3.2 断面图的种类 …………………………………………………………… 140
 6.4 局部放大图及简化画法 ………………………………………………………… 142
  6.4.1 局部放大图 ……………………………………………………………… 142
  6.4.2 简化画法 ………………………………………………………………… 143
 6.5 表达方法综合应用举例 ………………………………………………………… 146
 6.6 第三角投影法简介 ……………………………………………………………… 148

参考文献 ……………………………………………………………………………………… 150

绪 论

1. 研究对象

工程图学以图样作为研究对象。在工程技术中,把表达机器及其零件的机械图和表达房屋建筑的土建图统称为工程图样。工程图样能准确而详细地表示工程对象的形状、大小和技术要求。在机械设计、制造和建筑施工时都离不开图样,设计者通过图样表达设计思想,制造者依据图样加工制作、检验、调试,使用者借助图样了解结构性能等。因此,图样是产品设计、生产、使用全过程信息的集合。同时,在国内和国际进行工程技术交流以及在传递技术信息时,工程图样也是不可缺少的工具,是工程界的技术语言。

当今,信息时代对工程图学又赋予了新的任务,课程又有了新的概念。随着计算机科学和技术的发展,计算机绘图技术推进了工程设计方法(从人工设计到计算机辅助设计)和工程绘图工具(从尺规到计算机)的发展,改变着工程师和科学家的思维方式和工作程序。本课程主要研究绘制和阅读机械工程图样的基本原理和基本方法,是所有工科学生必须学习的实践性较强的一门技术基础课。课程内容包括制图基础知识、投影理论、机件的表达方法。

2. 主要任务

本课程是通过研究三维形体与二维图形之间的映射规律,进行画图、看图实践,训练图学思维方式,培养学生的工程图学素质,即运用工程图学的思维方式,构造、描述形体形状和表达、识别形体形状。因此,学习本课程的主要任务是:

(1) 学习正投影法的基本原理及其应用;
(2) 培养空间想象能力和空间构思能力;
(3) 培养徒手绘草图、仪器绘图的能力;
(4) 培养阅读和绘制机械工程图样的基本能力;
(5) 培养自学能力、创新能力和审美能力;
(6) 培养认真负责的工作态度和严谨细致的工作作风。

3. 学习方法

树立理论联系实际的学风。本课程是一门实践性较强的课程,只有通过一系列绘图和读图的实践,正确运用正投影的规律,不断地由物画图、由图想物,分析和想象平面图样与空间形体之间的对应关系,才能不断提高空间想象能力和空间构思能力。

培养认真负责、一丝不苟的工作作风。徒手绘草图、仪器绘图是本课程要求掌握的基本技能。手工作图时,应养成正确使用绘图工具和仪器的习惯,严格遵守《技术制图》及《机械制图》国家标准的有关规定。

第1章 工程图学的基本知识与基本技能

图样是高度浓缩的工程信息的载体,是生产过程的技术资料。要学会看懂和绘制工程图样,就必须掌握工程制图中有关图样的基本知识和基本技能。

1.1 国家标准《技术制图》《机械制图》的有关规定

图样是工程界交流技术思想的共同语言,为了科学地进行生产和管理,必须对图样的内容、画法、格式做出统一的规定。我国于1959年首次发布了《机械制图》国家标准,对图样作了统一的技术规定。为适应国内生产技术的发展和国际技术交流的要求,《机械制图》国家标准进行过多次修改和补充。我国还顺应科学技术日益进步和国民经济不断发展的需要,制定了共同适用于各类技术图样和有关技术文件的统一的国家标准——《技术制图》。制图国家标准是每位工程技术人员在绘制图样时必须严格遵守和认真执行的。

本节摘要介绍标准中有关图幅、比例、字体、图线、尺寸标注的基本规定,其余部分将在以后有关章节中分别叙述。

1.1.1 图纸幅面及格式(根据 GB/T 14689—2008)

1. 图纸幅面尺寸

绘制图样时,应优先采用表1.1中规定的图纸幅面尺寸。

国标规定:必要时允许加长图幅,加长的幅面尺寸是由基本幅面的短边成整数倍增加后得出的。

表1.1 图纸幅面尺寸　　mm

幅面代号	$B \times L$	a	c	e
A0	841×1189	25	10	20
A1	594×841			
A2	420×594			
A3	297×420		5	10
A4	210×297			

2. 图框格式

在图纸上必须用粗实线画出图框,其格式分为不留装订边(见图1.1)和留有装订边(见图1.2)两种。

3. 标题栏(根据 GB/T 10609.1—2008)

每张图纸的右下角均应有标题栏,标题栏的内容、格式和尺寸应按 GB/T 10609.1—2008 的规定绘制,如图1.3所示。若标题栏的长边与图纸的长边垂直,则构成 Y 型图纸,如图1.1(a)和图1.2(a)所示;若标题栏的长边置于水平方向并与图纸的长边平行则构成 X 型图纸,如图1.1(b)和图1.2(b)所示。

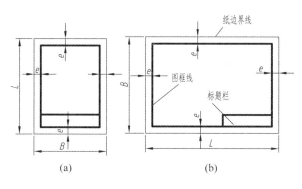

图 1.1 图框格式(一)

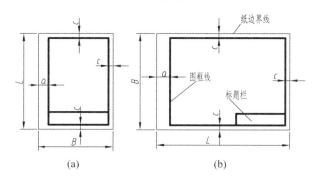

图 1.2 图框格式(二)

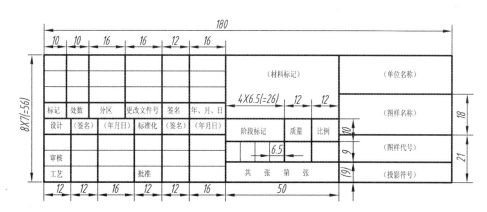

图 1.3 国家标准规定的标题栏的格式和尺寸

在学校的制图作业中为了简化作图,建议采用图 1.4 所示的简化的标题栏。

为了利用预先印制的图纸,允许将 Y 型图纸的长边置于水平位置使用,如图 1.5(a)所示;或将 X 型图纸的短边置于水平位置使用,如图 1.5(b)所示。此时看图方向与标题栏中的文字方向不一致。

一般情况下,看图方向与标题栏中的文字方向一致。当两者不一致时,需要采用方向符号标明看图方向,如图 1.5(a)和图 1.5(b)所示,即方向符号的尖角对着读图者,为看图方向。方向符号是用细实线画出的等边三角形,如图 1.5(c)所示。

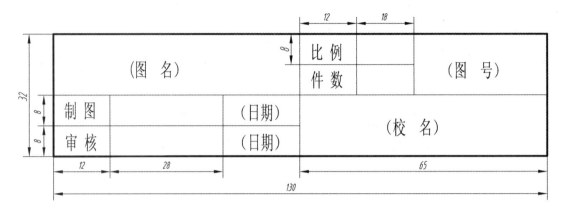

图 1.4　简化的标题栏的格式和尺寸

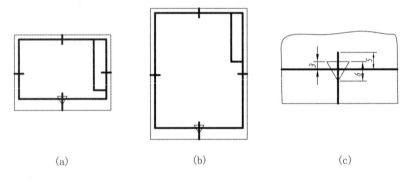

图 1.5　方向符号

1.1.2　比例(GB/T 14690—1993)

图样中图形与其实物相应要素的线性尺寸之比称为比例。绘制图样时,应尽可能采用1∶1的比例画出,以便从图样上看出机件的真实大小。由于机件的大小及结构复杂程度不同,对于大而简单的机件可采用缩小比例;对于小而复杂的机件则可采用放大比例。绘制图样时,应在表 1.2 规定的系列中选取适当的比例,必要时也可选用表 1.3 所列的比例。

表 1.2　比例系列(Ⅰ)

种　类	比　例				
原值比例	1∶1				
放大比例	2∶1	5∶1	$2\times10^n\colon1$	$5\times10^n\colon1$	$1\times10^n\colon1$
缩小比例	1∶2	1∶5	$1\colon2\times10^n$	$1\colon5\times10^n$	$1\colon1\times10^n$

注:n 为正整数。

表 1.3　比例系列(Ⅱ)

种　类	比　例				
放大比例	2.5∶1	4∶1	$2.5\times10^n\colon1$	$4\times10^n\colon1$	
缩小比例	1∶1.5　　1∶2.5　　1∶3　　1∶4　　1∶6　　$1\colon1.5\times10^n$　　$1\colon2.5\times10^n$　　$1\colon3\times10^n$　　$1\colon4\times10^n$　　$1\colon6\times10^n$				

绘制图样时，选用的比例应在标题栏比例一栏中注明。标注尺寸时，不论选用放大比例还是缩小比例，都必须标注机件的实际尺寸。

物体的各视图应尽量选取同一比例，否则可在各视图名称的下方或右侧标注比例，如：$\frac{I}{2:1}$、$\frac{A}{1:100}$、$\frac{B-B}{1:200}$、平面图 1:100。

1.1.3 字体(GB/T 14691—1993)

图样中书写的汉字、数字和字母必须做到：字体工整、笔画清楚、间隔均匀、排列整齐。
字体的号数即为字体的高度 h，分为 1.8、2.5、3.5、5、7、10、14、20 八种，单位 mm。

1. 汉　字

图样上的汉字应写成长仿宋体，并且采用国家正式公布的简化字。长仿宋体的特点是：字形长方、笔画挺直、粗细一致、起落分明、撇挑锋利、结构均匀。汉字高度 h 不应小于 3.5 mm，其字宽度一般约为 $0.7h$，如图 1.6 所示。

字体工整 笔画清楚 间隔均匀 排列整齐

横平竖直注意起落结构均匀填满方格

技术制图机械电子汽车航空土木建筑矿山纺织服装

图 1.6　长仿宋体汉字示例

2. 数字和字母

数字和字母可写成斜体和直体。斜体字字头向右倾斜，与水平线约成 75°，如图 1.7 和图 1.8 所示。当与汉字混合书写时，可采用直体。

0123456789

0123456789

I II III IV V VI VII VIII IX X

I II III IV V VI VII VIII IX X

图 1.7　数字示例

ABCDEFGHIJKLMNOPQ
RSTUVWXYZ

abcdefghijklmnopq
rstuvwxyz

图 1.8　拉丁字母示例

3. 字体应用示例

用作指数、分数、注脚、尺寸偏差的字母和数字，一般采用比基本尺寸数字小一号的字体，如图 1.9 所示。

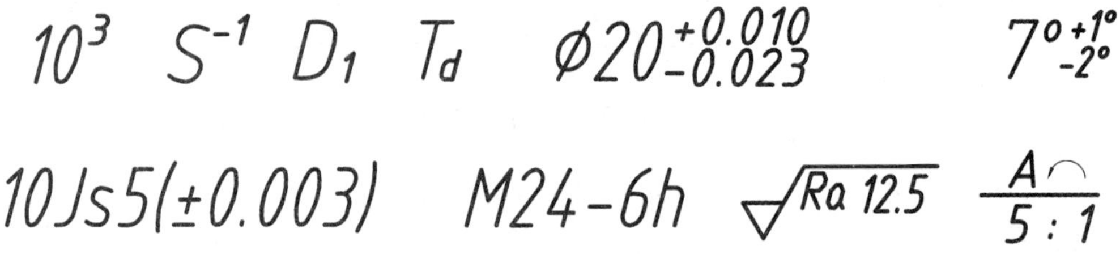

$10^3 \quad S^{-1} \quad D_1 \quad T_d \quad \varnothing 20^{+0.010}_{-0.023} \quad 7°^{+1°}_{-2°}$

$10Js5(\pm 0.003) \quad M24-6h \quad \sqrt{Ra\ 12.5} \quad \dfrac{A\frown}{5:1}$

图 1.9　字体应用示例

1.1.4　图线（GB/T 4457.4—2002）

绘制图样时应采用国标规定的图线，如表 1.4 所列。图线宽度 b 尺寸系列为 0.13、0.18、0.25、0.35、0.5、0.7、1、1.4、2，单位为 mm，使用时按图形的大小和复杂程度选定。图线的宽度分粗线、中粗线、细线三种，其宽度比例为 4∶2∶1。在同一图样中，同类图线的宽度应一致。粗线和中粗线通常在 0.5～2 mm 之间选取，并尽量保证图样中不出现宽度小于 0.18 mm 的图线。

建筑图样上，可以采用三种线宽，其比例关系是 4∶2∶1；机械图样上，一般采用中粗线和细线两种线宽，其比例关系是 2∶1。常用的线型有：粗实线、细实线、（细）波浪线、（细）双折线、（细）虚线、粗点画线、细点画线等。

表 1.4　常用图线

No.	线　型		名　称	一般应用	实　例
01	实线	————————	粗实线	1. 可见轮廓线 2. 相贯线 3. 螺纹牙顶线、终止线 4. 剖切符号用线	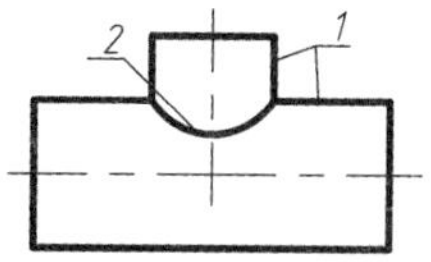
		————————	细实线	1. 尺寸线及尺寸界线 2. 剖面线 3. 指引线、过渡线、基准线等	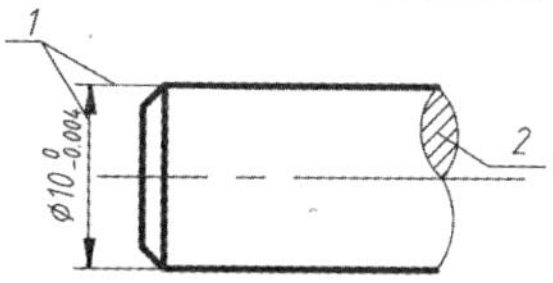
		∽∽∽∽	波浪线	1. 断裂处边界线 2. 视图和剖视图分界线	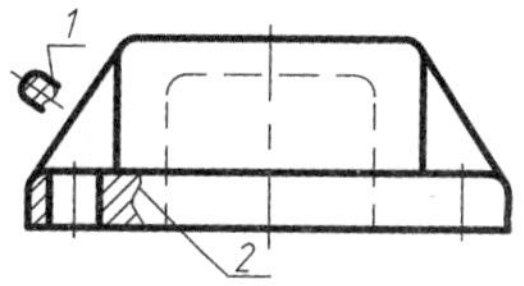
		─╱╲╱╲─	双折线		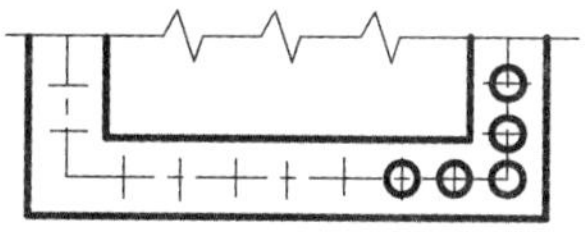
02	虚线	– – – – –	细虚线	不可见轮廓线	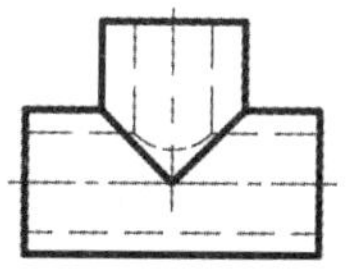
		▬ ▬ ▬ ▬	粗虚线	允许表面处理的表示线	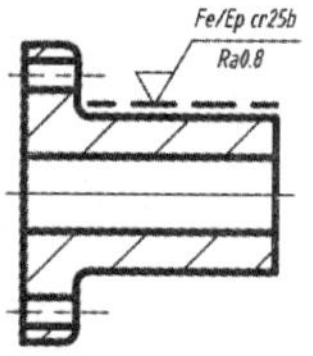
03	点画线	— · — · —	细点画线	1. 轴线 2. 对称中心线 3. 分度圆(线)	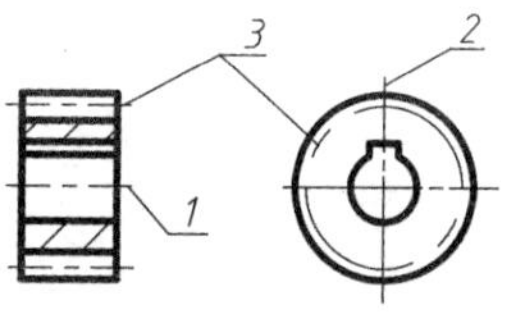
		▬ · ▬ · ▬	粗点画线	限定范围的表示线	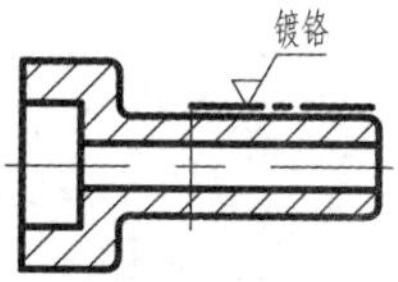
04		— ·· — ·· —	细双点画线	1. 相邻辅助零件轮廓线 2. 极限轮廓线 3. 轨迹线、中断线	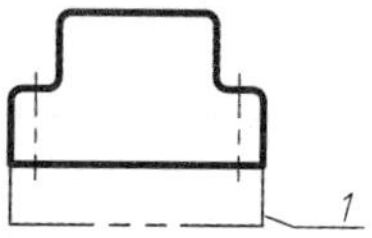

绘图时,建议采用表 1.5 所列的图线规格,图线画法如表 1.6 所列。

表 1.5 图线规格

线 型	图线规格
细虚线	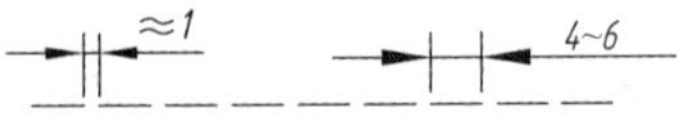 ≈1 4~6
细点画线	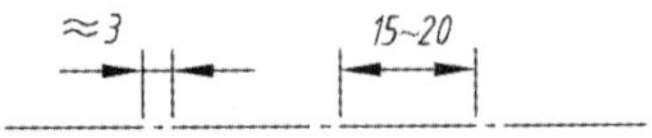 ≈3 15~20
细双点画线	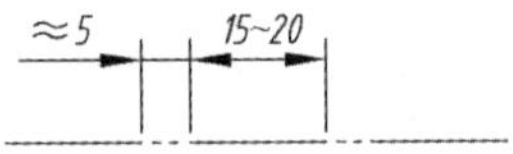 ≈5 15~20

表 1.6 图线画法

正 确	不 正 确	说 明
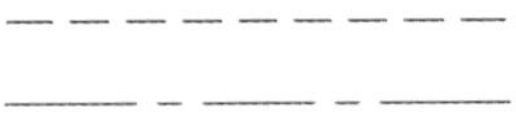		细虚线、细点画线、细双点画线的线长度和间隔应各自大致相等
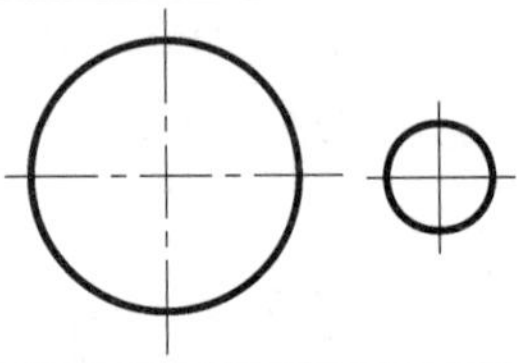	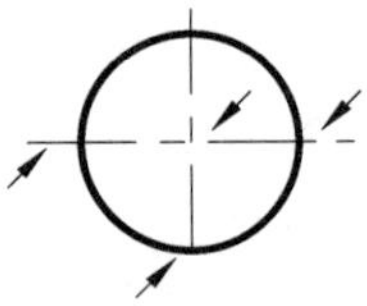	绘制圆的对称中心线时,圆心应为线的交点。首末两端应是线段而不是点,其长度应超过轮廓线 2～6 mm;在较小的图形上绘制细点画线或细双点画线时,应用细实线代替
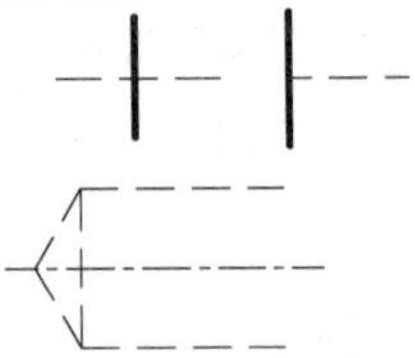	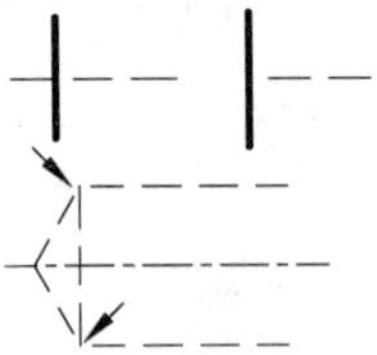	点画线、虚线和其他图线相交或虚线与虚线相交时,应线段相交,不应在空隙处相交
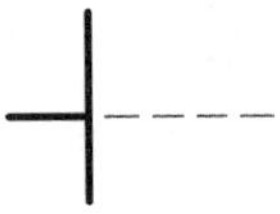	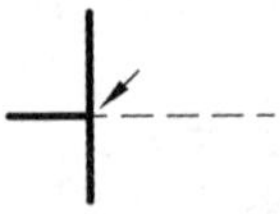	当细虚线是粗实线的延长线时,粗实线应画到分界点,而细虚线应留有空隙
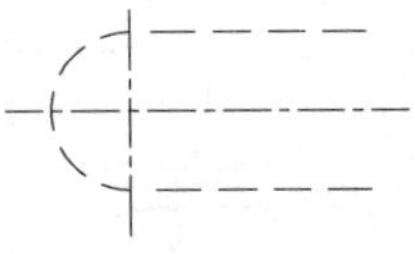	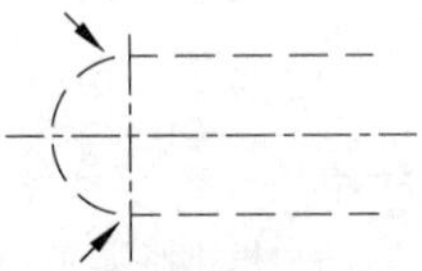	当细虚线圆弧和细虚线直线相切时,细虚线圆弧的线段应画到切点,细虚线直线应留有空隙

1.1.5 尺寸标注（根据 GB/T 4458.4—2003）

图形只能表达机件的形状，而机件的大小则由标注的尺寸确定。标注尺寸是一项极为重要的工作，必须认真细致、一丝不苟。如果尺寸有遗漏或错误，都会给生产带来困难和损失。

1. 基本规则

（1）图样上的尺寸数值要以机件的真实大小为依据，与绘图比例和绘图误差无关。

（2）图样中尺寸默认单位为毫米（mm），如果采用其他单位，则必须注明。

（3）机件的每一个尺寸，一般只标注一次，并标注在能最清晰地反映机件结构特征的图形上。

（4）图样中所标注的尺寸应为该图样所示机件的最后完工尺寸，否则应另加说明。

2. 尺寸组成

如图 1.10 所示，一个完整的尺寸一般应由尺寸界线、尺寸线、尺寸线终端及尺寸数字组成。

（1）尺寸界线：尺寸界线用细实线绘制，并应从图形的轮廓线、轴线或对称中心线引出。也可直接用轮廓线、轴线或对称中心线作尺寸界线。尺寸界线一般与尺寸线垂直，必要时允许倾斜。尺寸界线应超出尺寸线的终端 2 mm 左右。

（2）尺寸线：尺寸线用细实线绘制，必须单独画出，不能与其他图线重合或画在其延长线上。标注线性尺寸时，尺寸线必须与所标注的线段平行，当有几条相互平行的尺寸线时，各尺寸线的间距要均匀，间隔 5~10 mm，并使大尺寸在外，小尺寸在里，尽量避免尺寸线之间及尺寸线与尺寸界线之间相交。

（3）尺寸线终端：尺寸线终端有箭头和斜线两种形式，如图 1.11 所示。

箭头适用于各种类型的图样。箭头的尖端与尺寸界线接触，不得超出也不得离开，图 1.11(a) 中的 b 为粗实线的宽度。

斜线终端用细实线绘制，方向和画法见图 1.11(b) 所示，图中 h 为字体高度。当采用该尺寸线终端形式时，尺寸线与尺寸界线必须相互垂直。

同一张图样中只能采用一种尺寸线终端形式。采用箭头时，在地方不够的情况下，允许用圆点或斜线代替箭头。

（4）尺寸数字：线性尺寸数字一般注在尺寸线的上方或中断处，在同一张图样中尽可能采用一种数字注写形式，其字号大小应一致，地方不够时可引出标注。

尺寸数字的方向，应以看图方向为准。水平方向尺寸的数字字头朝上，竖直方向尺寸的数字字头朝左，倾斜方向数字的字头应保持朝上的趋势。

在图样上，不论尺寸线方向如何，都允许尺寸数字水平书写，如图 1.12 所示。

尺寸数字不得被任何图线穿过，当无法避免时，应该将该图线断开。

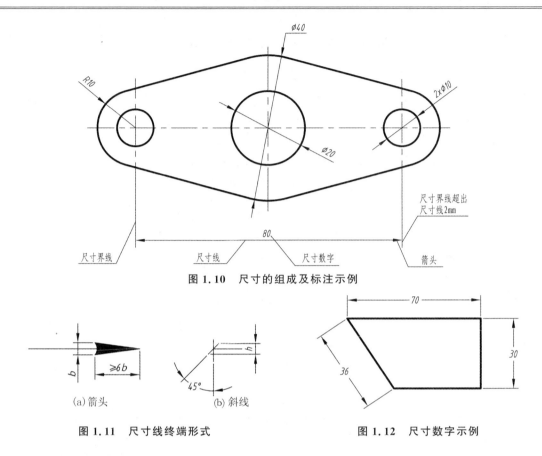

图1.10 尺寸的组成及标注示例

图1.11 尺寸线终端形式

图1.12 尺寸数字示例

3. 尺寸注法示例

表1.7中列出了国标规定的一些尺寸注法。图1.13用正误对比的方法,指出了初学标注时的一些常见错误。

表1.7 尺寸的标注形式

标注内容	说 明	示 例
线性尺寸的数字方向	尺寸数字应按示例左图所示方向书写并尽可能避免在图示30°范围内标注尺寸,当无法避免时可按右图的形式标注	
角 度	尺寸数字一律应水平书写,尺寸界线应沿径向引出,尺寸线应画成圆弧,圆心是角的顶点。一般注在尺寸线的中断处,必要时允许写在外面或引出标注	
圆	标注圆的直径尺寸时,应在尺寸数字前加注符号"ϕ",尺寸线一般按右面两个图例绘制	

续表 1.7

标注内容	说明	示例
圆弧	标注半径尺寸时,在尺寸数字前加注"R",半径尺寸一般按右面两个图例所示的方法标注	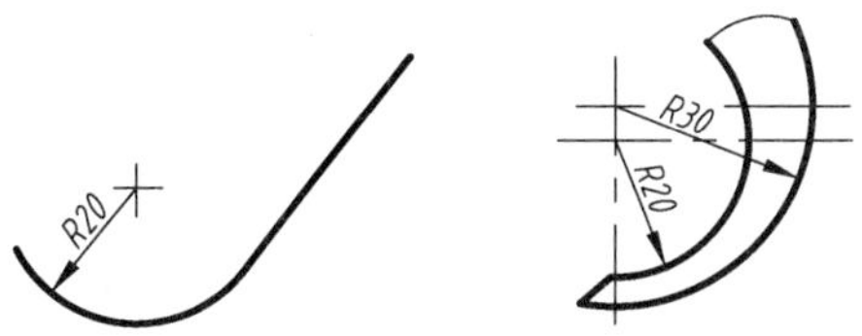
大圆弧	在图纸范围内无法标出圆心位置时,可按示例左图标注,不需要标出圆心位置时,可按示例右图标注	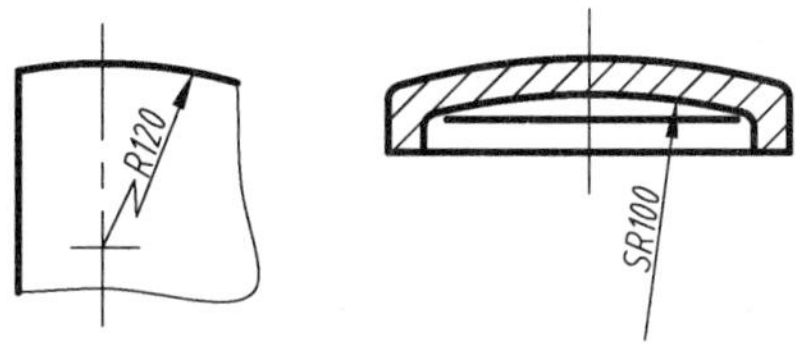
小尺寸	没有足够的地方时,箭头可画在外面,允许用小圆点或斜线代替箭头;尺寸数字也可写在外面或引出标注。小圆和小圆弧的尺寸,可按这些图例标注	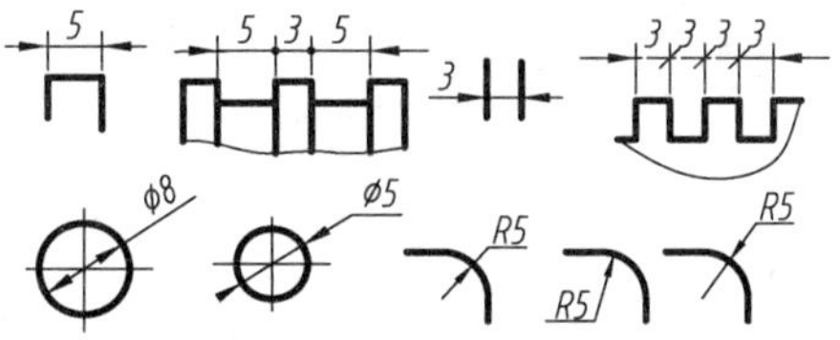
球面	应在 ϕ 或 R 前加注"S"。在不致引起误解时,则可省略,如右图中的右端面球面	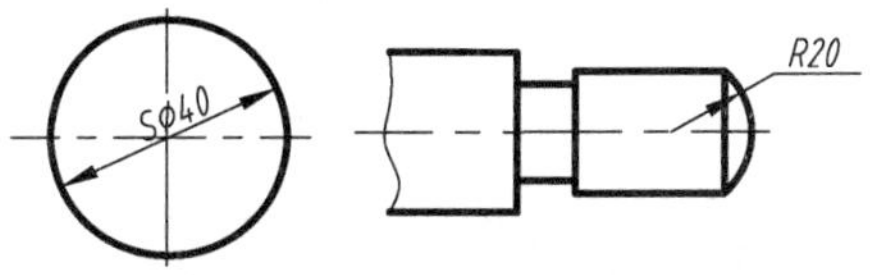
弧长和弦长	标注弦长时,尺寸线应平行于该弦,尺寸界线应平行于该弦的垂直平分线;标注弧长尺寸时,尺寸线用圆弧,尺寸数字前方应加注符号"⌒"	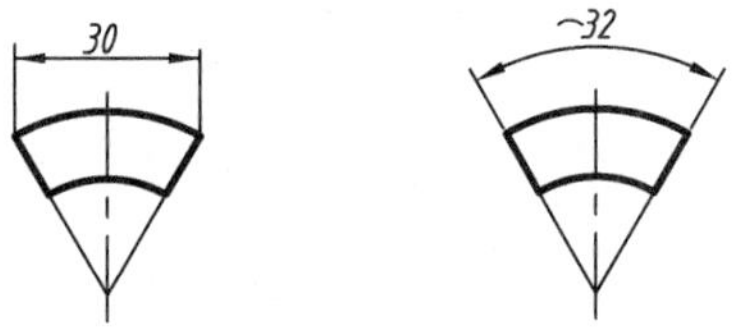
对称机件只画出一半或大于一半时	尺寸线应略超过对称中心线或断裂处的边界线,仅在尺寸界线一端画出箭头。图中在对称中心线两端画出的两条与其垂直的平行细实线是对称符号	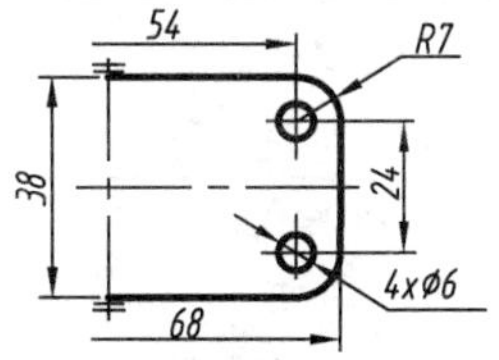
光滑过渡线处	在光滑过渡处,必须用细实线将轮廓线延长,并从它们的交点引出尺寸界线。尺寸线如垂直于尺寸线,则图线很不清晰,所以允许倾斜	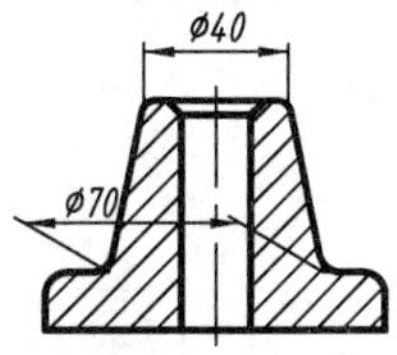
正方形结构	剖面为正方形时,可在边长尺寸数字前加注符号"□",或用 14 × 14 代替"□14"。图中相交的两细实线是平面符号	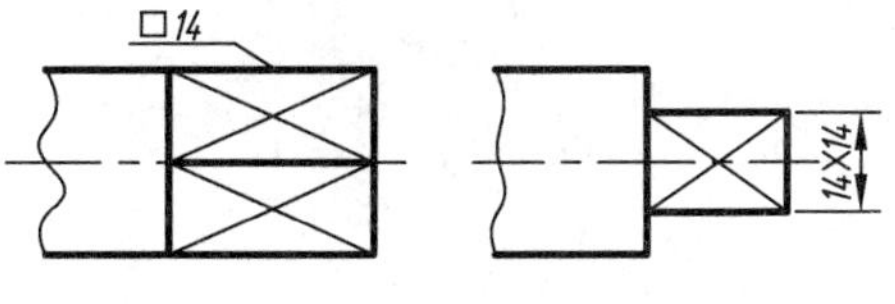

续表 1.7

标注内容	说 明	示 例
均布的孔	均匀分布的孔,可按示例左图所示标注。当孔的定位和分布情况在图中已明确时,允许省略其定位尺寸和缩写词 EQS	

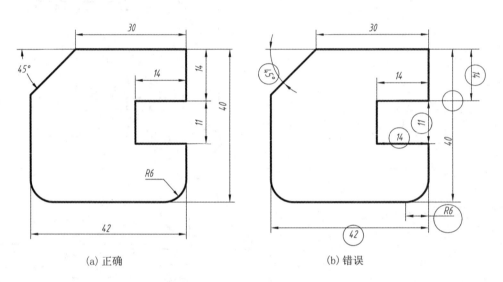

(a) 正确　　　　　　　　(b) 错误

图 1.13　尺寸标注的正误对比

国家标准还规定了一些有关尺寸标注的符号,用以区分不同类型的尺寸。表 1.8 列出了常见的尺寸标注符号及缩写词,标注尺寸时符号写在尺寸数字的前面。

表 1.8　常见尺寸标注符号及缩写词

序 号	符号或缩写词	含 义	序 号	符号或缩写词	含 义
1	ϕ	直径	5	t	厚度
2	R	半径	6	EQS	均布
3	$S\phi$	球直径	7	C	倒角
4	SR	球半径	8	□	正方形

续表1.8

序 号	符号或缩写词	含 义	序 号	符号或缩写词	含 义
9	▽	深度	13	∠	斜度
10	⊔	沉孔或锪平	14	◁	锥度
11	∨	埋头孔	15	⌒	展开长
12	⌒	弧长	16	按 GB/T 4656.1—2000	型材截面形状

符号的比例画法如图 1.14 所示。

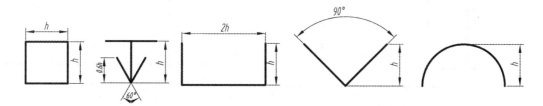

图 1.14 符号的比例画法

1.2 绘图的基本方法

工程图样的图形是由各种基本几何图形组合而成的。熟练地使用绘图仪器和工具，掌握和运用几何图形的作图方法，是手工绘图的基本技能。

1.2.1 绘图工具的使用

正确使用绘图工具，是保证图样质量、提高绘图速度的一个重要方面。下面仅介绍几种常用工具及其使用方法。

(1) 图板：图板是画图时的垫板，要求表面必须平坦、光滑，左右两导边必须平直。

(2) 丁字尺：丁字尺是用来画水平线的，画图时，应使尺头紧靠图板左侧导边，自左向右画水平线，如图 1.15 所示。

(3) 三角板：三角板与丁字尺配合使用，可画垂直线和 15°、30°、45°、60°、75°等倾斜线，如图 1.16 所示。

(4) 铅笔：绘图时要求使用"绘图铅笔"。铅笔铅芯的软硬度分别用 B 和 H 表示，B 前的数字越大表示铅芯越软(黑)，H 前的数字越大表示铅芯越硬。根据使用要求不同，准备以下几种硬度不同的铅笔。

H 或 2H——画底稿；

HB 或 H——画虚线、细实线、细点画线及写字；

HB 或 B——加深粗实线。

画粗实线的铅笔,铅芯磨削成宽度为 b(粗线宽)的四棱柱形,其余铅芯磨削成锥形,如图 1.17 所示。

(5)圆规:圆规用来画圆和圆弧,它的固定腿上装有钢针,钢针两端形状不同,画弧时将有台阶的一端扎入图板,台阶面与纸面接触。

(6)分规:分规是用来等分线段和量取尺寸的。

除了以上绘图工具外,还有比例尺、曲线板、模板、擦图片、直线笔(鸭嘴笔)、绘图墨水笔等各种手工绘图工具,读者使用时可参阅相关书籍。

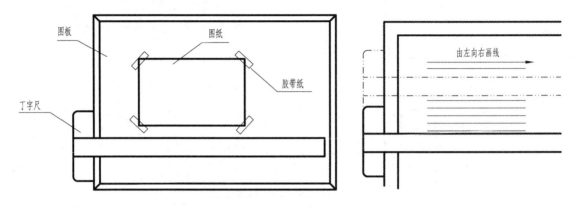

图 1.15 图板与丁字尺的用法

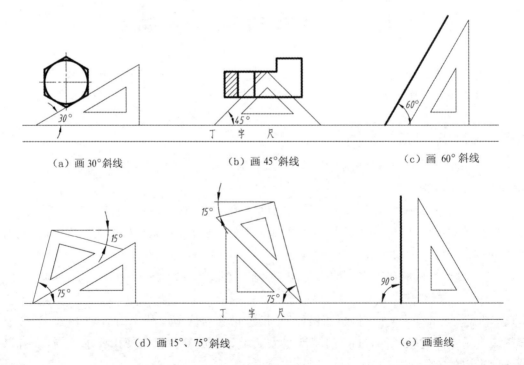

图 1.16 三角板的用法

第 1 章 工程图学的基本知识与基本技能 15

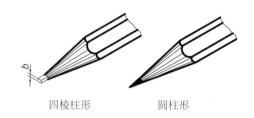

四棱柱形　　　圆柱形

图 1.17　铅笔的削法

1.2.2　几何作图

虽然机件的轮廓形状多种多样,但它们的图样基本上都是由直线、圆弧或其他一些曲线所组成的几何图形,因而在绘制图样时,经常要用到一些最基本的几何作图方法。

1. 等分线段的画法

绘制图形时经常要遇到线段的等分问题,直线段的等分可以利用中学所学的比例法完成;圆弧线段的等分即正多边形的画法如表 1.9 所列。

表 1.9　正多边形的画法

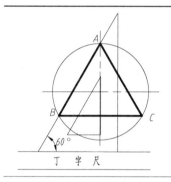	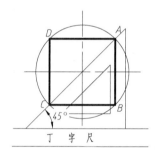	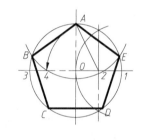
等边三角形:用 60°三角板的斜边过顶点 A 画线,与外接圆交于点 B,过 B 点画水平线交外接圆于 C,连接三边即成	正方形:用 45°三角板的斜边过圆心画线,与外接圆交于 A、C 两点,分别过 A、C 作水平线交外接圆于 D、B 两点,连接四边即成	正五边形:(1) 找到半径 O1 的中点 2;(2) 以 2 为圆心,2A 为半径画弧交 O3 于 4;(3) 以 A4 为边长,用它在外接圆上截取得到顶点 A、B、C、D、E,连边完成
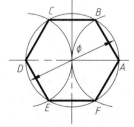	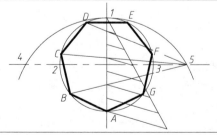	
正六边形:因边长等于外接圆半径,可分别以 A、D 为圆心,以 φ/2 为半径画弧交于 B、C、E、F 四点,与 A、D 共为六顶点,连边完成	正七边形(正 n 边形): 1. 分直径 1A 为七等分(n 等分) 2. 以 A 为圆心,1A 为半径画弧交直径 23 的延长线于 4、5 两点 3. 过 5(或 4)点分别与直径 1A 上的奇数分点(或偶数分点)连线延长,与外接圆交出各顶点 A、B、C、D、E、F、G 4. 连边完成	

2. 斜度和锥度

(1) 斜度:斜度是指一直线(或一平面)对另一直线(或平面)的倾斜程度。其大小用它们夹角的正切值来表示,并把比值转为 $1:n$ 的形式。斜度的表示符号、作图方法及标注如表 1.10 所列。

(2) 锥度:锥度是指正圆锥体的底圆直径与其高度之比,若为圆台则为两底圆直径之差与台高之比。其比值常转化为 $1:n$ 的形式,如表 1.10 所列。

表 1.10 斜度、锥度的表示符号、作图与标注

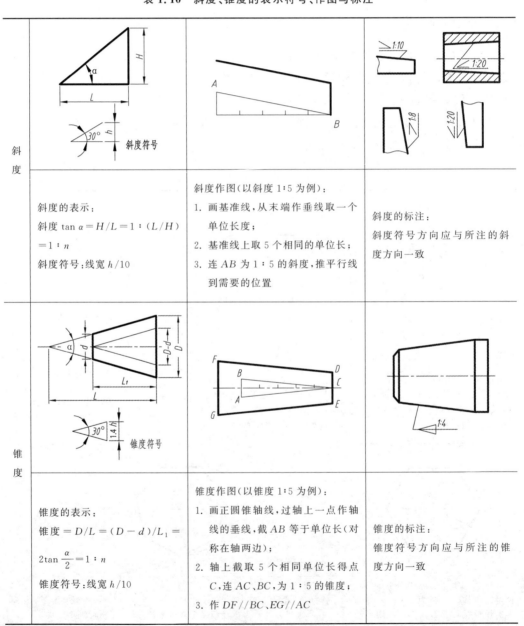

3. 圆弧连接

在绘制机件的图形时,常遇到用已知半径的圆弧光滑地连接两已知线段(直线或圆弧)的情况,其作图方法称为圆弧连接。作图时保证圆弧光滑连接的关键是准确地作出连接圆弧的圆心和切点。

圆弧连接的作图原理如下:

(1) 与已知直线相切的半径为 R 的圆弧,其圆心轨迹是与已知直线平行,距离为 R 的直线。由选定圆心向已知直线作垂线所得的垂足即为切点。

(2) 与已知圆心为 O_1,半径为 R_1 的圆弧内切(或外切)时,半径为 R 的连接弧圆心的轨迹是,以 O_1 为圆心,以 $|R-R_1|$(或 $R+R_1$)为半径的已知圆弧的同心圆,切点是选定圆心 O 与 O_1 的连心线(或其延长线)与已知圆弧的交点。

表 1.11 列出了圆弧连接的三种基本形式:

(1) 用圆弧连接两已知直线,如表 1.11(a)所列;
(2) 用圆弧连接一已知直线和一已知圆弧,如表 1.11(b) 所列;
(3) 用圆弧连接两已知圆弧,如表 1.11(c)、(d) 所列。

表 1.11 圆弧连接的基本方法

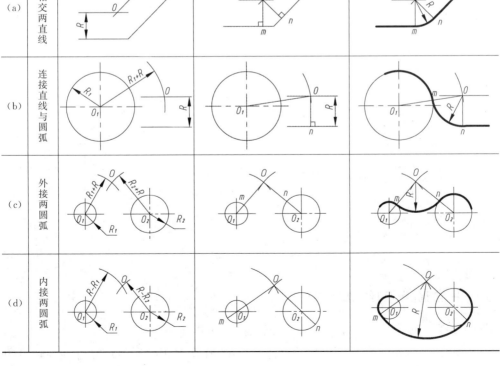

1.3 平面图形的绘制

一般平面图形都是由若干线段(直线或曲线)连接而成,要正确绘制一个平面图形,首先应对平面图形进行尺寸分析和线段分析,从而确定正确的绘图顺序,依次绘出各线段。同一个图形的尺寸注法不同,图线的绘制顺序也随之改变。

1.3.1 平面图形的尺寸分析

按尺寸在平面图形中作用的不同,可以将尺寸分为定形尺寸和定位尺寸两类。为了确定平面图形中线段的相对位置,引入了基准的概念。

(1) 基准:基准是标注尺寸的起点。对于二维图形,需要两个方向的基准,即水平方向和铅垂方向。一般平面图形中可作为基准线的是:

① 对称图形的对称线;
② 较大圆的对称中心线;
③ 较长的直线。

图 1.18 所示的手柄是以水平的对称线和较长的铅垂线作基准线的。

(2) 定形尺寸:定形尺寸是确定平面图形中各线段形状大小的尺寸,如直线长度、角度的大小以及圆弧的直径或半径等。图 1.18 中的 $\phi 20$、$R10$、$R30$、14 等均是定形尺寸。

(3) 定位尺寸:定位尺寸是确定平面图形的线段或线框间相对位置的尺寸。图 1.18 中的 80、$\phi 26$ 均为定位尺寸。

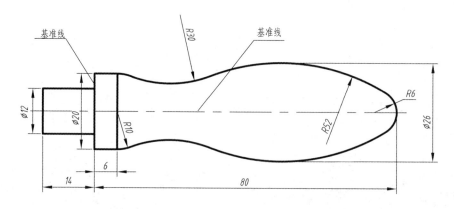

图 1.18 手 柄

1.3.2 平面图形的线段分析

根据图形线段的定形尺寸和定位尺寸是否齐全,可以将线段分为三类:

(1) 已知线段:定形尺寸和定位尺寸标注齐全的,作图时根据所给尺寸可直接画出的线段为已知线段,例如图 1.18 中 $\phi 20$、$\phi 12$ 的直线及 $R6$、$R10$ 的圆弧。

(2) 中间线段:知道定形尺寸和一个定位尺寸,另一方向的定位尺寸必须依靠作图才能求出的线段称为中间线段,例如图 1.18 中的 $R52$ 圆弧。

(3) 连接线段:只有定形尺寸而无定位尺寸的线段称为连接线段。如图 1.18 中的 $R30$ 圆弧,只知其半径,作图时需借助其他条件方可确定圆心的两个定位尺寸。

1.3.3 平面图形的画图步骤

通过以上对平面图形的尺寸分析和线段分析,可归纳出平面图形画图步骤是:画出图形基准线后,先画已知线段,再画中间线段,最后画连接线段。画中间线段和连接线段所缺条件由相切关系间接求出,因此在画平面图形之前须先对图形尺寸进行分析,以确定画图的正确步骤。作图过程中应该准确求出中间弧和连接弧的圆心和切点。

[例 1.1] 画出图 1.19 所示定位块的平面图形。

画图步骤:

(1) 画基准线及已知线段的定位线,如尺寸 19、9、$R15$ 等,如图 1.20(a)所示。

(2) 画已知线段,如弧 $\phi 6$、$\phi 2.5$、$\phi 11$、$R4$ 等,它们是能够直接画出来的轮廓线,如图 1.20(b)所示。

(3) 画中间线段,如圆弧 $R18$,它需借助与 $R4$ 相内切的几何条件才能画出,如图 1.20(c)所示。

(4) 画连接线段,如 $R6$、$R1.5$ 等,它们要根据与已知线段相切的几何条件找到圆心位置后方能画出,如图 1.20(d)所示。

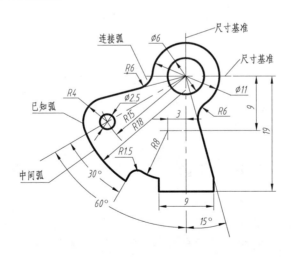

图 1.19 定位块

(5) 最后经整理和检查无误后,按规定加深图线,并标注尺寸,如图 1.19 所示。

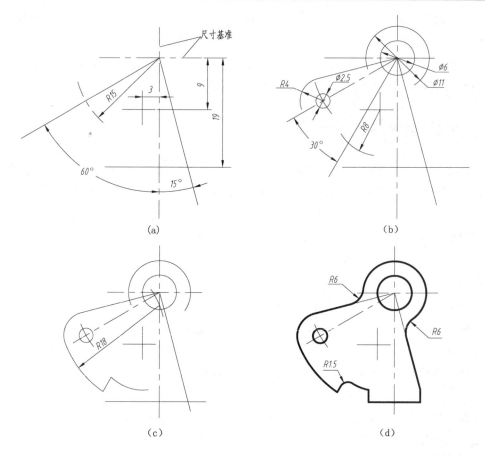

图 1.20　画定位块的步骤

1.4　绘图技能

绘制图样时,为使图绘得又快又好,除了必须熟悉制图标准、掌握几何作图方法、正确使用绘图工具外,还需要具有一定的绘图技能。绘图技能包括尺规绘图(也称为仪器绘图)和徒手绘图。

1.4.1　尺规绘图的方法和步骤

1. 准备绘图

(1) 准备好必需的制图工具和仪器。

(2) 确定图形采用的比例和图纸幅面大小;将图纸固定在图板左下方,并使图纸底边与图板下边的距离大于丁字尺宽度;用细实线画图框和标题栏。

2. 图形分析

(1) 分析所画图形上尺寸的作用和线段的性质,确定画线的先后次序。

(2) 确定图形在图纸上的布局,图形在图纸上的位置要匀称、美观且留有标注尺寸的地方。

3. 用细实线画图形底稿

画底稿一般用较硬的铅笔(如 H 或 2H)。底稿要轻画,但各种图线要分明,视图位置安排合适,尺寸大小要准确。先画基准线,再画主要轮廓,最后画细部。底稿完成之后,要检查有无遗漏结构,并擦去多余的线。

4. 铅笔加深

加深图线时要认真仔细,用力要均匀,保证线型正确、粗细分明、连接光滑、图面整洁。

(1) 加深粗实线:粗实线一般用 HB 或 B 铅笔加深。圆规用的铅芯应比画直线用的铅笔软一号。加深粗实线时,要先曲后直、由上到下、自左向右,尽量减少尺子在图样上的摩擦次数,以保证图面整洁。

(2) 加深细线:按粗实线的加深顺序用 H 铅笔顺次加深虚线、细点画线、细实线等。

5. 画箭头、注尺寸、填写标题栏

经以上各步骤,再经画箭头、注尺寸及填写标题栏后,即完成了图样的绘制。

1.4.2 徒手绘草图的方法

1. 草图的概念

草图是不借助仪器,仅用铅笔以徒手、目测的方法绘制的图样。绘制草图迅速、简便,有很大的实用价值,常用于创意设计、零部件测绘、计算机绘图的前期准备等。

草图不要求按照国标规定的比例绘制,但要求正确目测实物的形状及大小,把握形体各部分间的基本比例关系。判断形体间比例要从整体到局部,再由局部返回整体,相互比较。如一个物体的长、宽、高之比为 4:3:2,画此物体时,就要大致保持物体自身的这种比例。

草图不是潦草之图,除比例一项外,其余必须遵守国标规定,要求做到图线清晰、粗细分明、字体工整等。

为便于控制尺寸大小,经常在网格纸上徒手画草图,网格纸不要求固定在图板上,为了作图方便可任意转动和移动。

2. 草图的绘制方法

(1) 画直线:水平直线应自左向右,铅垂线应自上而下画出,眼视终点,小指压住纸面,手腕随线移动。画水平线和铅垂线时,要充分利用坐标纸的方格线,画 45°斜线时,应利用方格的对角线方向,如图 1.21 所示。

(2) 画圆:画不太大的圆,应先画出两条互相垂直的中心线,再在中心线上距圆心等于半径处截取四点,过四点画圆即可,如图 1.22(a)所示。如果画的圆较大,可以再增画两条对角线,在对角线上找出四段半径的端点,然后通过这八个点画圆,如图 1.22(b)所示。

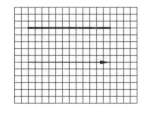
(a)
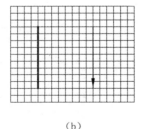
(b)
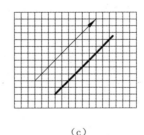
(c)
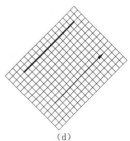
(d)

图 1.21 草图画线

（3）画圆角、圆弧连接：对于圆角、圆弧连接，应尽量利用其与正方形、长方形相切的特点绘制，如图1.22(c)所示。

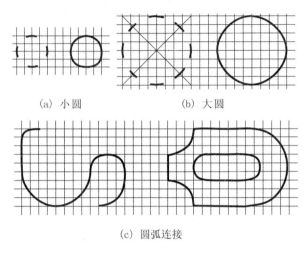

(a) 小圆　　　　　　(b) 大圆

(c) 圆弧连接

图1.22　草图画圆及圆弧

第 2 章　点、直线和平面的投影

2.1　投影法及工程上常用的投影图

2.1.1　投影的基本概念

工程图样是用投影方法得到的。在图 2.1 中，用光线照射物体，在预设的平面上绘制出被投射物体影像的方法称为投影法。光源 S 称为投射中心，光线 SA 称为投射线，预设的平面 P 称为投影面，投影面上所绘的物体图形 $\triangle abc$ 称为物体 $\triangle ABC$ 的投影。

工程上常用的投影方法有两大类：中心投影法和平行投影法。

1. 中心投影法

投射中心 S 对投影面 P 的距离为有限远时，则所有的投射线均相交于投射中心 S，此种投影方法称为中心投影法，如图 2.1 所示。

2. 平行投影法

投射中心 S 对投影面 P 的距离为无限远时，则所有的投射线将相互平行，此种投影方法称为平行投影法，如图 2.2 所示。

根据投射方向与投影面是否垂直判断，平行投影法又分为两类：

斜投影法　投射方向倾斜于投影面，如图 2.2(a)所示。

正投影法　投射方向垂直于投影面，如图 2.2(b)所示。

工程图样中最常用的投影法是正投影法，本书将正投影简称为投影。

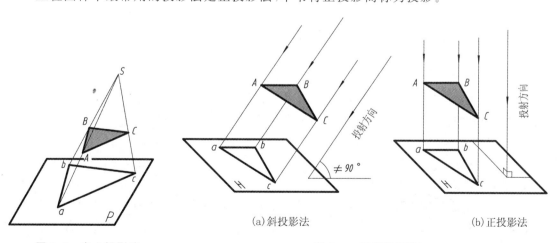

图 2.1　中心投影法　　　　图 2.2　平行投影法

3. 正投影的基本性质

由于物体上的直线或平面与投影面的相对位置不同,所得到的正投影有下列不同的性质:

(1) 实形性:当物体上的直线或平面平行于投影面时,其投影反映直线的实长或平面的实形。

(2) 积聚性:当物体上的直线或平面垂直于投影面时,直线的投影积聚为一点,平面的投影积聚为直线。

(3) 类似性:当物体上的直线或平面与投影面倾斜时,直线的投影长度缩短,平面的投影成为一个与原形类似的图形。

2.1.2 工程上常用的投影图

工程上使用的投影图,必须能确切地、唯一地反映出物体的形状和空间的几何关系。因此,工程上常用的投影图主要有多面正投影图、轴测投影图和标高投影图等。

1. 多面正投影图

用正投影法将物体投影在按一定要求配置的几个投影面上,由两个以上正投影组合的图称多面正投影图。这种图作图简便,度量性好;但直观性差,多用于工程行业,如图2.3所示。

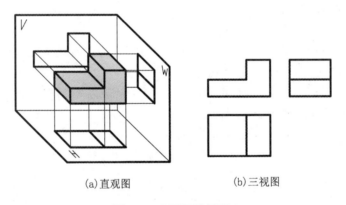

(a) 直观图　　　　(b) 三视图

图 2.3　多面正投影图

2. 轴测投影图

用平行投影法将物体及确定该物体的直角坐标轴 OX、OY、OZ,沿不平行于任一坐标平面的方向投射到单一投影面上,所得的具有立体感的图形称为轴测投影图。轴测投影图直观性较好,容易看懂;但度量性较差,作图较繁,如图2.4所示。轴测投影图常作为辅助工程图样。

3. 标高投影图

用正投影法把物体投影到水平投影面上,为在投影图上确定物体高度,图中画出一系列标有数字的等高线。所标尺寸为等高线对投影面的距离,也称标高。这样的投影图称为标高投影图,如图2.5所示。标高投影图常用于土建、水利、地质图样及不规则的曲面设计中。

4. 透视投影图

用中心投影中的透视投影法将物体投射到单一投影面上所得到的具有立体感的图形称为透视投影图(见图2.6)。透视图与人的视觉相符,形象逼真,直观性强,但作图过程较繁锁,度量性差。透视投影图常用于广告及建筑效果图中。

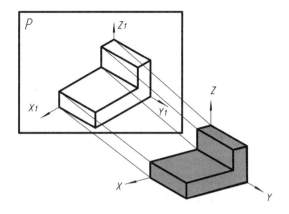

图 2.4 轴测投影图

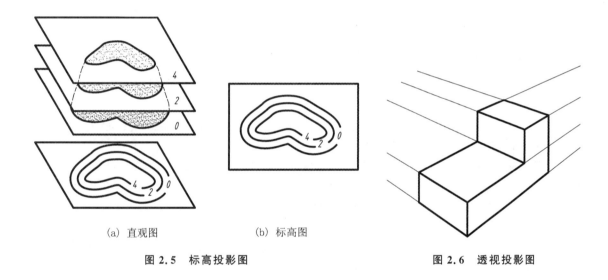

(a) 直观图　　(b) 标高图

图 2.5 标高投影图　　　　　　图 2.6 透视投影图

2.2 点的投影

点、直线和平面是构成空间物体的最基本的几何元素。要图示与图解几何问题,准确地画出物体的投影,就必须掌握它们的投影规律和投影特性。

2.2.1 投影面体系

用一个投影面只能画出物体一个方向的投影图。如图 2.7 中的两个物体,它们对应部分的长和高分别相等,图上所示的投影图完全相同,但实际上两物体的形状并不一样。为了表示物体的大小和形状,必须从几个方向来观察,即从几个方向来画出物体的投影图。

用三个互相垂直的平面组成三个投影面,将物体置于其中,并分别向三个投影面投影,便可准确地反映出物体的大小和形状,如图 2.8 所示。三个投影面构成的体系称为三投影面体系。

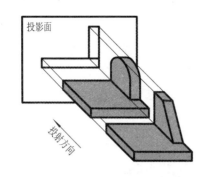
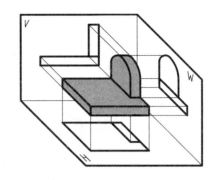

图 2.7　两物体在同一投影面上的投影　　图 2.8　物体在三投影面体系中的投影

三个投影面分别称为:正立投影面(简称正面或 V 面)、水平投影面(简称水平面或 H 面)、侧立投影面(简称侧面或 W 面)。三个投影面之间的交线称为投影轴,用 OX、OY、OZ 表示。各投影面上的投影名称为:物体在正面上的投影称为正面投影;在水平面上的投影称为水平投影;在侧面上的投影称为侧面投影。

2.2.2　点在三投影面体系中的投影

图 2.9(a)所示为处于投影体系中的空间点 A。由点 A 分别向三个投影面作垂线,其垂足即为 A 点在三个投影面上的投影。

规定:空间点用大写字母表示;点的水平投影用小写字母表示;点的正面投影用小写字母加一撇表示;点的侧面投影用小写字母加两撇表示。

为了便于画图和看图,需要把三个投影面展开在一个平面上。展开时正面(V 面)不动,将水平面(H 面)绕 OX 轴向下旋转 $90°$,侧面(W 面)绕 OZ 轴向右旋转 $90°$,使三个投影面处在同一平面上,如图 2.9(b)所示。投影面旋转后,OY 轴一分为二,规定在 H 面上的为 OY_H,在 W 面上的为 OY_W。在实际画图时,不必画出投影面的边框线,如图 2.9(c)所示。Y 轴的下标 H 和 W 可省略,如图 2.12 所示。有时也采用 V 面和 H 面构成的两投影面体系来图示、图解空间几何问题或表达物体的形状。

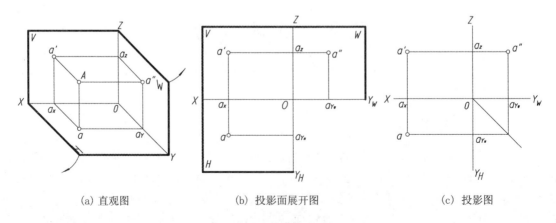

(a) 直观图　　　　　　　　(b) 投影面展开图　　　　　　　　(c) 投影图

图 2.9　点在三投影面体系中的投影

从图 2.9 中可以得出点在三投影面体系中的投影特性:

(1) 点的正面投影和水平投影的连线垂直于 OX 轴,即 $a'a \perp OX$ 轴,反映 X 坐标,也表示空间点 A 到 W 面的距离。

(2) 点的正面投影和侧面投影的连线垂直于 OZ 轴,即 $a'a'' \perp OZ$,反映 Z 坐标,也表示空间点 A 到 H 面的距离。

(3) 点的水平投影 a 到 OX 轴的距离等于点的侧面投影 a'' 到 OZ 轴的距离,即 $aa_x = a''a_z$,反映 Y 坐标,也表示空间点 A 到 V 面的距离。

[例 2.1] 已知空间点 $A(15,15,20)$,试作出点的三面投影。作图过程如图 2.10 所示。

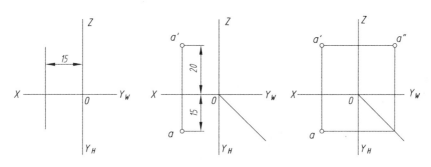

图 2.10 由点的坐标作三面投影

(1) 作坐标轴:作两正交直线,其交点为原点。然后在 X 轴上自 O 向左量 15 mm,作 OX 轴的垂线。

(2) 在垂线上,自 X 轴向下量取 15 mm 得 a,再自 X 轴向上量取 20 mm 得 a'。

(3) 按点的投影特性作出 a'',即完成 A 点的三面投影。

2.2.3 投影面和投影轴上的点

图 2.11 是 V 面上的点 A,H 面上的点 B,OX 轴上的点 C 的直观图和投影图。从图中可以看出投影面和投影轴上的点的坐标和投影,具有下述特性:

(1) 投影面上的点有一个坐标为零:在该投影面上的投影与该点重合,在另外投影面上的投影分别在相应的投影轴上。值得注意的是:H 面上的点 B 的 W 面投影 b'' 在 OY 轴上,在投

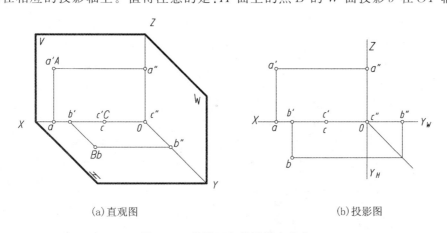

(a) 直观图   (b) 投影图

图 2.11 投影面和投影轴上的点

影图中必须画在 W 面的 OY_W 轴上,而不能画在 H 面的 OY_H 轴上。

(2) 投影轴上的点有两个坐标为零:在包含这条轴的两个投影面上的投影都与该点重合,在另一投影面上的投影与原点重合。

2.2.4 两点的相对位置及重影点

1. 两点的相对位置

如图 2.12 所示,两个点的投影沿左右、前后、上下三个方向所反映的坐标差,即这两个点对投影面 W、V、H 的距离差,能确定两点的相对位置;反之,若已知两点的相对位置以及其中一个点的投影,也能作出另一点的投影。

图 2.12 中,A 点的 X 坐标大于 B 点的 X 坐标,说明 A 在 B 的左方;A 点的 Y 坐标大于 B 点的 Y 坐标,说明 A 在 B 的前方;A 点的 Z 坐标大于 B 点的 Z 坐标,说明 A 在 B 的上方,即 A 点在 B 点的左前上方。

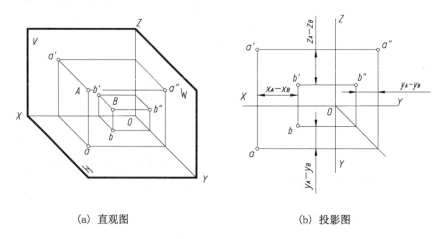

(a) 直观图　　　　　　　　　(b) 投影图

图 2.12　两点的相对位置

2. 重影点

由图 2.13 可知,点 C 在点 A 正后方 $Y_A - Y_C$ 处,两点的 X 坐标和 Z 坐标值相等,故 A、C 两点的正面投影重合,我们称这两点为正立投影面的重影点。同理,若一点在另一点的正下方或正上方,是对水平投影面的重影点;若一点在另一点的正左方或正右方则是对侧立投影面的

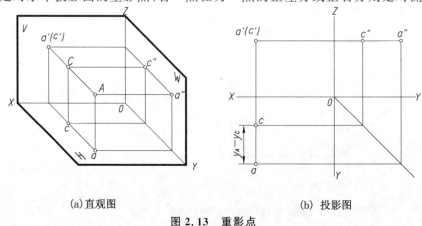

(a) 直观图　　　　　　　　　(b) 投影图

图 2.13　重影点

重影点。对正面投影、水平投影、侧面投影的重影点可见性判别,应该是前遮后、上遮下、左遮右。例如,在图 2.13 中,应该是较前的点 A 的正面投影 a' 可见,而较后的点 C 的投影 c' 被遮不可见。在重影点的投影重合处,可以不表明可见性,若需表明,则在不可见投影的符号上加括号,如图 2.13 中所示的 (c')。

2.3 直线的投影

直线的投影一般仍为直线。直线由两点确定,它的投影也即由直线上两点的同面投影相连来确定,如图 2.14 所示。

2.3.1 各种位置直线的投影特性

在三投影面体系中,直线有三种位置:

一般位置直线 直线与三个投影面均倾斜。

投影面平行线 直线平行于一个投影面,与另两个投影面倾斜。

投影面垂直线 直线垂直于一个投影面,与另两个投影面平行。

投影面平行线和投影面垂直线统称为特殊位置直线。

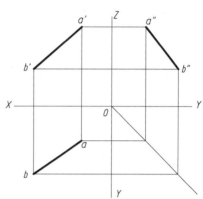

图 2.14 直线的投影

直线与 H 面、V 面和 W 面的倾角分别用 α、β、γ 表示。当直线平行于投影面时,倾角为 $0°$;垂直于投影面时,倾角为 $90°$;倾斜于投影面时,则倾角大于 $0°$ 小于 $90°$。

1. 一般位置直线

如图 2.15 所示的一般位置直线 AB,对投影面 V、H、W 面都倾斜,两端点分别沿前后、上下、左右方向对 V、H、W 面的距离差(即相应的坐标差)都不等于零。

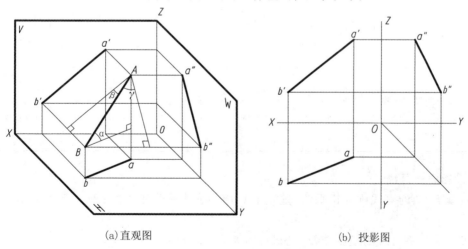

(a) 直观图   (b) 投影图

图 2.15 一般位置直线

由此可得一般位置直线的投影特性:三个投影都倾斜于投影轴;投影长度小于直线的实长;投影与投影轴的夹角,不反映直线对投影面的倾角。

2. 投影面平行线

平行于 H 面的直线称为水平线;平行于 V 面的直线称为正平线;平行于 W 面的直线称为侧平线。

各种投影面平行线的投影图及投影特性,如表 2.1 所列。

由表 2.1 可概括出投影面平行线的投影特性:

(1) 在直线所平行的投影面上的投影反映实长;它与投影轴的夹角分别反映直线对另两投影面的真实倾角。

(2) 在另外两个投影面上的投影,平行于相应的投影轴,长度缩短。

表 2.1 投影面平行线

名称	正平线(//V面,与H、W面倾斜)	水平线(//H面,与V、W面倾斜)	侧平线(//W面,与H、V面倾斜)
直观图			
投影图			
投影特性	1. $a'b'$ 反映实长和真实倾角 α、γ; 2. ab//OX,$a''b''$//OZ,长度缩短	1. cd 反映实长和真实倾角 β、γ; 2. $c'd'$//OX,$c''d''$//OY,长度缩短	1. $e''f''$ 反映实长和真实倾角 α、β; 2. $e'f'$//OZ,ef//OY,长度缩短

3. 投影面垂直线

垂直于 H 面的直线称为铅垂线;垂直于 V 面的直线称为正垂线;垂直于 W 面的直线称为侧垂线。

各种投影面垂直线的投影图及投影特性,如表 2.2 所列。

第 2 章 点、直线和平面的投影

表 2.2 投影面垂直线

名称	正垂线（⊥V 面，//H 面、W 面）	铅垂线（⊥H 面，//V 面、W 面）	侧垂线（⊥W 面，//H 面、V 面）
直观图	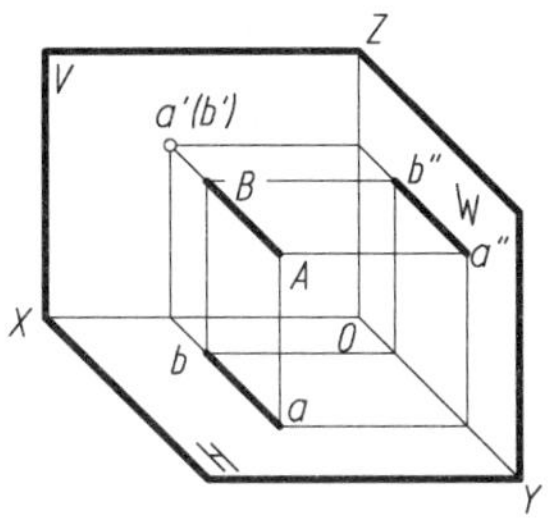	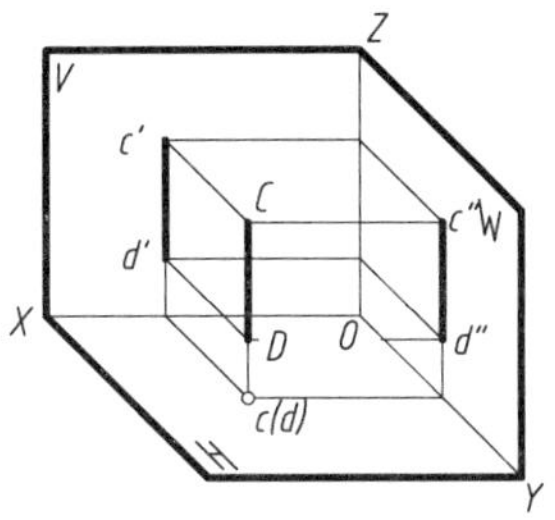	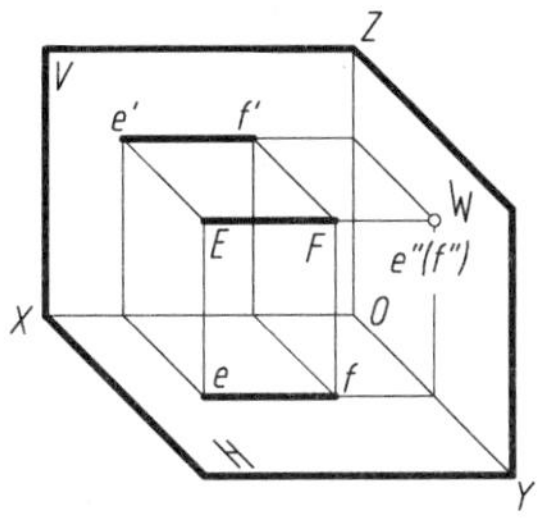
投影图	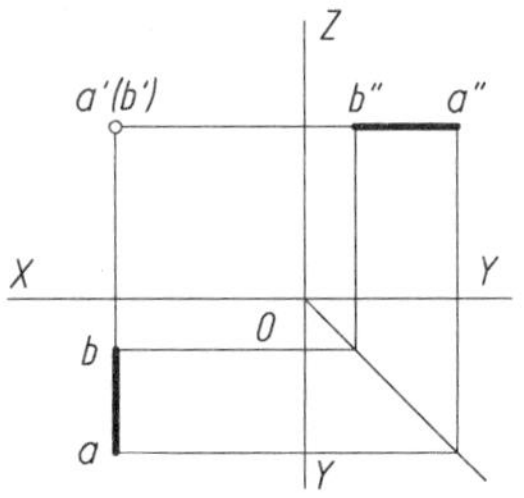	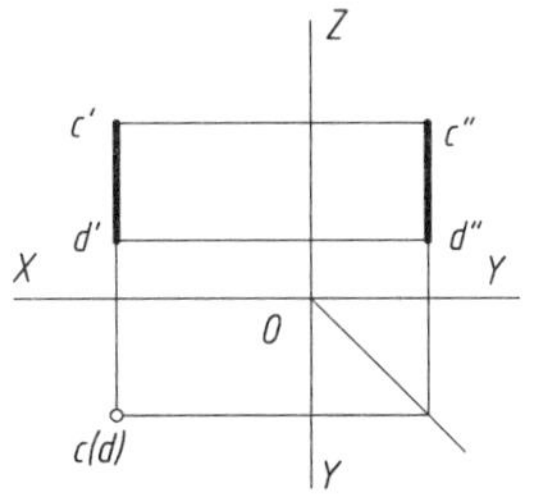	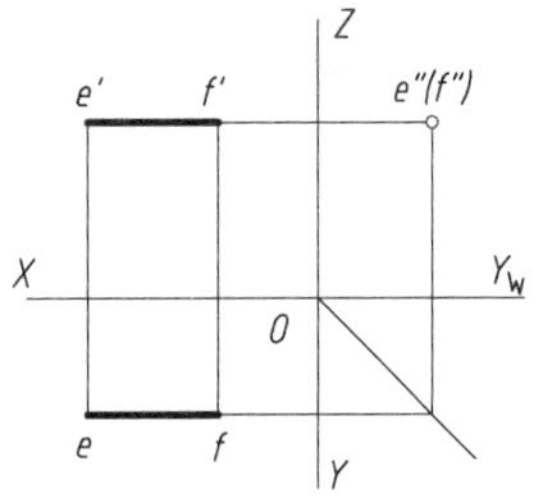
投影特性	1. $a'b'$ 积聚成一点； 2. $ab//OY$，$a''b''//OY$ 都反映实长	1. cd 积聚成一点； 2. $c'd'//OZ$，$c''d''//OZ$ 都反映实长	1. $e''f''$ 积聚成一点； 2. $ef//OX$，$e'f'//OX$ 都反映实长

由表 2.2 可概括出投影面垂直线的投影特性：
（1）在直线所垂直的投影面上的投影，积聚成一点。
（2）在另外两投影面上的投影，平行于相应的投影轴，反映实长。

2.3.2 直线段的投影与实长、倾角的关系

由前面可知，在特殊位置直线的投影中，能得到该直线段的实长以及与投影面的倾角的实际大小，而在一般位置直线的投影中，则不能。如果在投影、倾角与实长三者之间建立起直角三角形关系，则为直线段倾角与实长的图解提供了理论依据。可利用直角三角形法求其实长和倾角。

图 2.16(a) 所示的一般位置直线 AB，它的水平投影为 ab，对水平投影面的倾角为 α。在垂直于 H 面的平面 $ABba$ 内，将 ab 平移至 AB_1，则 $\triangle AB_1B$ 便构成一个直角三角形。在该直角三角形中看出：一直角边 $AB_1=ab$，即直线 AB 的水平投影长度；另一直角边 $B_1B=Z_B-Z_A=\Delta Z$，即为 A 和 B 两端点的 Z 坐标差；斜边 AB 即为实长；$\angle BAB_1=\alpha$，即直线段 AB 对水平投影面的倾角。这种利用直角三角形的关系来图解关于直线段的实长及倾角问题的方法称为直角三角形法，图解方法如图 2.16(b) 所示。

同理，通过线段 AB 的其他投影，也可求出实长，以及对投影面的倾角 β 或 γ，如图 2.17 所示。

表 2.3 给出了在利用直角三角形法图解问题时，直角三角形各边间的关系。

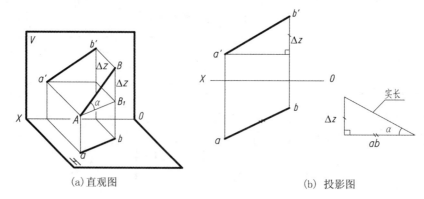

(a) 直观图 (b) 投影图

图 2.16 投影、倾角与实长的关系

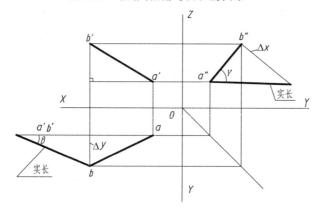

图 2.17 求线段实长及倾角 β、γ

表 2.3 直线段 AB 各种直角三角形边角构成

斜边	倾角	直角边	
		倾角邻边	倾角对边
实长 AB	α	水平投影 ab	上、下坐标差 ΔZ
	β	正面投影 $a'b'$	前、后坐标差 ΔY
	γ	侧面投影 $a''b''$	左、右坐标差 ΔX

表 2.3 列出的各直角三角形的四个几何元素(实长,夹角,投影,坐标差)中,已知任意两个元素便能作出直角三角形和求出其他两个元素。

[例 2.2] 已知 AB 的正面投影 $a'b'$ 和 A 点的水平投影 a,且 B 点比 A 点靠前,当:(1)已知实长为 25 mm;(2)已知倾角 $\beta=30°$;(3)已知倾角 $\alpha=30°$时,试分别完成直线段 AB 的水平投影,如图 2.18(a)所示。

分析与作图:

(1) 线段 AB 的投影 $a'b'$ 和实长可确定一个直角三角形,另一直角边即为 Δy,如图 2.18(b)所示。

(2) 线段 AB 的投影 a'b' 和 β 可确定一直角三角形,另一直角边即为 Δy,如图 2.18(c) 所示。

(3) 已知 a'b' 即为已知一直角边 Δz 和 α 可确定一直角三角形,另一直角边即为 ab,如图 2.18(d) 所示。

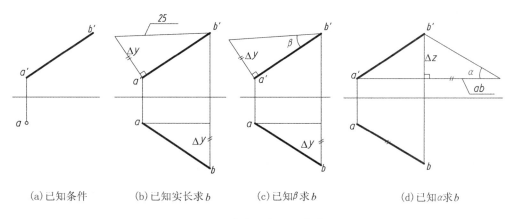

(a) 已知条件　　(b) 已知实长求 b　　(c) 已知 β 求 b　　(d) 已知 α 求 b

图 2.18　直角三角形法的应用

2.3.3　直线上点的投影特性

(1) 点的从属性:直线上点的投影必在直线的同面投影上,如图 2.19 中的 K 点。

(2) 点的定比性:直线上的点分线段之比等于其投影之比,即图 2.19 中 $AK:KB = ak:kb = a'k':k'b' = a''k'':k''b''$。

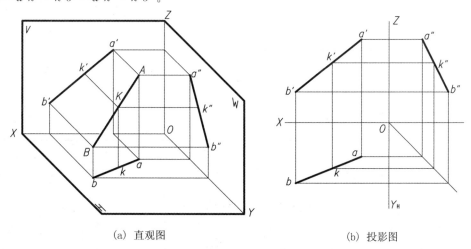

(a) 直观图　　　　　　　　　　(b) 投影图

图 2.19　直线上点的投影特性

[例 2.3] 已知直线 AB 上有一点 C,C 点把直线分为两段 $AC:CB = 3:2$,试作点 C 的投影,如图 2.20(a) 所示。

分析与作图:

根据直线上的点分割线段之比,投影后保持不变的性质,可直接作图。

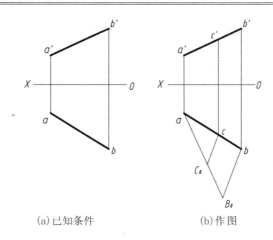

(a)已知条件　　　(b)作图

图 2.20　应用定比分线段

(1) 由 a 作任意直线,在其上量取 5 个单位长度得 B_0,在 aB_0 上取 C_0,使 $aC_0:C_0B_0=3:2$。

(2) 连 B_0 和 b,过 C_0 作 bB_0 的平行线交 ab 于 c。

(3) 由 c 作投影连线与 $a'b'$ 交于 c'。

2.3.4　两直线间的相对位置

两直线间的相对位置有平行、相交和交叉,如图 2.21 所示。

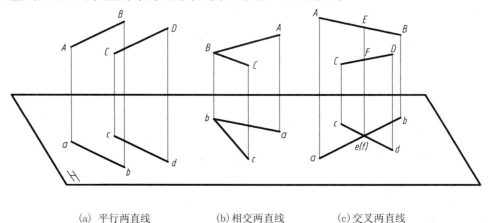

(a) 平行两直线　　　(b) 相交两直线　　　(c) 交叉两直线

图 2.21　两直线的相对位置

1. 平行两直线

若空间两直线平行,则它们的同面投影均互相平行,如图 2.22 所示。

反过来,若两直线的同面投影互相平行,则此两直线在空间一定互相平行。但当两直线为投影面平行线时,则需要观察第三个同面投影,仅用两个投影图的同面投影互相平行不能确定两直线是否平行,图 2.23 中通过侧面投影可以看出 AB、CD 两直线的空间位置不平行。

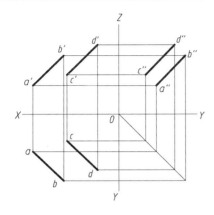

图 2.22 平行两直线

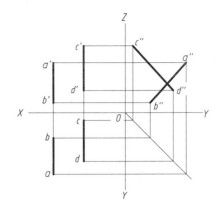

图 2.23 判断两直线是否平行

2. 相交两直线

若空间两直线相交,则它们在投影图上的同面投影也一定相交,且交点的投影符合点的投影特性,如图 2.24 所示。

3. 交叉两直线

空间两条既不平行也不相交的直线,称为交叉两直线。其投影不满足平行和相交两直线的投影特性,如图 2.25 所示。

交叉两直线同面投影的交点是一对重影点,重影点的可见性,可根据重影点的另外两个投影按照前遮后、上遮下、左遮右的原则来判断。如图 2.25 中直线 AB、CD 的正面投影 $a'b'$ 与 $c'd'$ 相交,设 E 点在 AB 上,F 点在 CD 上,E、F 两点的正面投影重合,从它们的水平投影(或侧面投影)可知,F 点在前为可见,E 点在后为不可见。用同样的方法可以判别水平投影重影点的可见性。

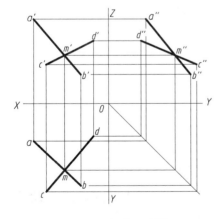

图 2.24 相交两直线

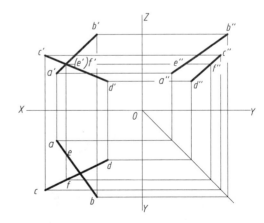

图 2.25 交叉两直线

4. 垂直两直线

两直线垂直包括相交垂直和交叉垂直,是相交两直线和交叉两直线的特殊情况。

当互相垂直的两直线都平行于某一投影面时,两直线在该投影面上的投影反映直角;当互相垂直的两直线都不平行于某一投影面时,两直线在该投影面上的投影不反映直角;当互相垂直的两直线之一平行于某一投影面时,两直线在该投影面上的投影仍反映直角。这一投影特性又称为直角投影定理。

图 2.26 是对该定理的证明。设直线 $AB \perp BC$,且 $AB /\!/ H$ 面。BC 倾斜于 H 面。由于 $AB \perp BC$,$AB \perp Bb$,所以,$AB \perp$ 平面 $BCcb$,又 $AB /\!/ ab$,故 $ab \perp$ 平面 $BCcb$,因而 $ab \perp bc$。

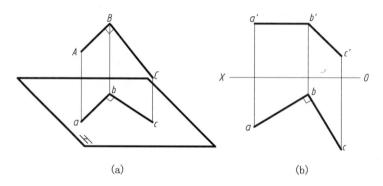

图 2.26 直角投影定理

[例 2.4] 如图 2.27(a)所示,过 C 点作正平线 AB 的垂线 CD。

分析与作图:

由于 AB 是正平线,故可以用直角投影定理求之。作图过程如下:

(1) 过 c' 作 $c'd' \perp a'b'$。

(2) 由 d' 求出 d。

(3) 连 cd,则直线 $CD \perp AB$,$c'd'$、cd 即为所求。

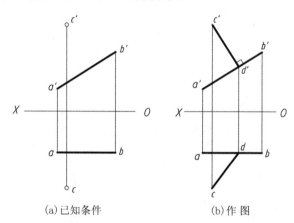

图 2.27 过点 C 作直线垂直正平线 AB

[例 2.5] 如图 2.28 所示,求作两交叉直线 AB、CD 的公垂线以及两者之间的距离。

分析与作图:

从图 2.28(b)中可以看出:AB、CD 的公垂线 EF 是与 AB、CD 都垂直相交的直线,设垂足分别为 E 和 F,则 EF 的实长就是交叉两直线 AB、CD 之间的距离。

因为 AB 为铅垂线,其水平投影积聚为一点,所以,E 点的水平投影一定与该点重合。又因为 $EF \perp AB$,所以,EF 为水平线,而 CD 是一般位置直线,根据直角投影定理,$ef \perp cd$,$e'f' /\!/ OX$,同时 ef 反映 AB、CD 两直线间的真实距离,作图过程如图 2.28(c)所示。

(1) 在水平投影上作 $ef \perp cd$,且与 cd 交于 f。

第 2 章 点、直线和平面的投影

(2) 由 f 引投影连线，在 $c'd'$ 上作出 f'，再由 f' 作 $e'f'/\!/OX$ 与 $a'b'$ 交于 e'。$e'f'$、ef 即为所求。ef 为 AB、CD 两直线间的真实距离。

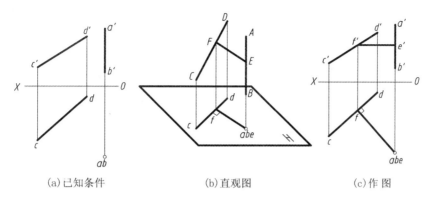

图 2.28 求交叉两直线的公垂线和距离

2.4 平面的投影

2.4.1 平面的表示法

1. 几何元素表示

根据初等几何学所述的平面的基本性质可知，确定平面的空间位置有以下几种表示法，如图 2.29 所示。

(1) 不在同一直线上的三点。
(2) 一条直线和线外一点。
(3) 两相交直线。
(4) 两平行直线。
(5) 任意平面图形（如三角形、圆等）。

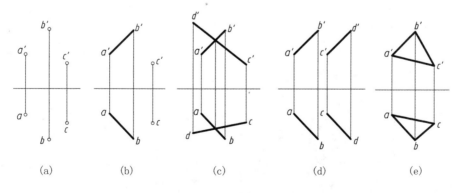

图 2.29 几何元素表示平面

2. 用迹线表示

平面与投影面的交线，称为平面的迹线。平面也可用迹线来表示，用迹线表示的平面称为迹线平面，如图 2.30 所示。平面与 V 面、H 面、W 面的交线分别称为正面迹线（V 面迹线）、水平迹线（H 面迹线）、侧面迹线（W 面迹线）。迹线的符号用平面名称的大写字母附加投影面名称的注脚表示，如图 2.30 中的 P_V、P_H、P_W。迹线是投影面上的直线，其投影与本身重合，用粗实线表示，并标注上述符号。它在另外两投影面上的投影，分别在相应的投影轴上，不需要作任何表示和标注。

对于特殊位置平面，不画无积聚性的迹线，用两段短的粗实线表示有积聚性的迹线的位置，中间以细实线相连，并标上相应的符号，如图 2.31 所示。

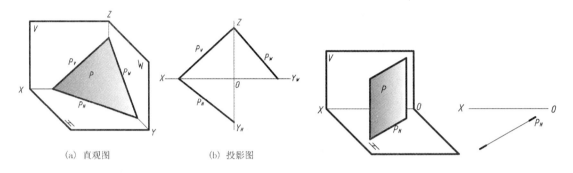

(a) 直观图　　　(b) 投影图

图 2.30　迹线表示平面　　　图 2.31　特殊位置平面的迹线表示法

2.4.2　各种位置平面的投影特性

在三投影面体系中，平面有三种位置：

一般位置平面　平面与三投影面均倾斜。

投影面垂直面　平面垂直于一个投影面，与另两个投影面倾斜。

投影面平行面　平面平行于一个投影面，与另两个投影面垂直。

投影面垂直面和投影面平行面统称为特殊位置平面。

平面与 H 面、V 面、W 面的倾角，分别用 α、β、γ 表示。

1. 一般位置平面

一般位置平面是指对三个投影面都倾斜的平面。图 2.32 是一般位置平面 $\triangle ABC$ 的直观图和投影图，由于平面对 V、H、W 面都倾斜，所以它的三个投影均为比实形缩小的类似形。

2. 投影面垂直面

垂直于 H 面的平面，称为铅垂面；垂直于 V 面的平面，称为正垂面；垂直于 W 面的平面，

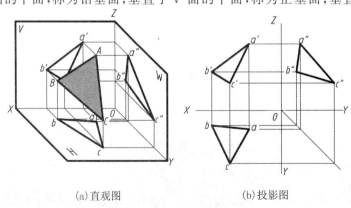

(a) 直观图　　　(b) 投影图

图 2.32　一般位置平面

称为侧垂面。

各种投影面垂直面的投影图及投影特性,如表 2.4 所列。

表 2.4 投影面垂直面

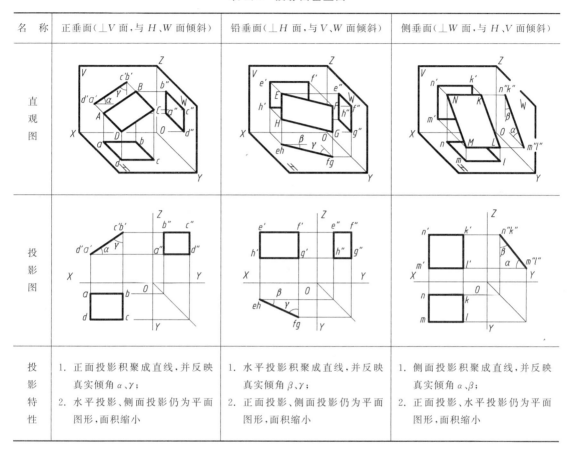

名　称	正垂面(⊥V 面,与 H、W 面倾斜)	铅垂面(⊥H 面,与 V、W 面倾斜)	侧垂面(⊥W 面,与 H、V 面倾斜)
直观图			
投影图			
投影特性	1. 正面投影积聚成直线,并反映真实倾角 α、γ; 2. 水平投影、侧面投影仍为平面图形,面积缩小	1. 水平投影积聚成直线,并反映真实倾角 β、γ; 2. 正面投影、侧面投影仍为平面图形,面积缩小	1. 侧面投影积聚成直线,并反映真实倾角 α、β; 2. 正面投影、水平投影仍为平面图形,面积缩小

由表 2.4 可概括出投影面垂直面的投影特性:

(1) 平面在所垂直的投影面上的投影积聚成直线,它与投影轴的夹角,分别反映平面对另两投影面的真实倾角。

(2) 在另外两个投影面上的投影具有类似性。

3. 投影面平行面

平行于 H 面的平面,称为水平面;平行于 V 面的平面,称为正平面;平行于 W 面的平面,称为侧平面。

各种投影面平行面的投影图及投影特性,如表 2.5 所列。

由表 2.5 可概括出投影面平行面的投影特性:

(1) 在平面所平行的投影面上的投影,反映实形。

(2) 在另外两个投影面上的投影,分别积聚成直线,平行于相应的投影轴。

表 2.5 投影面平行面

名　称	正平面（//V 面）	水平面（//H 面）	侧平面（//W 面）
直观图	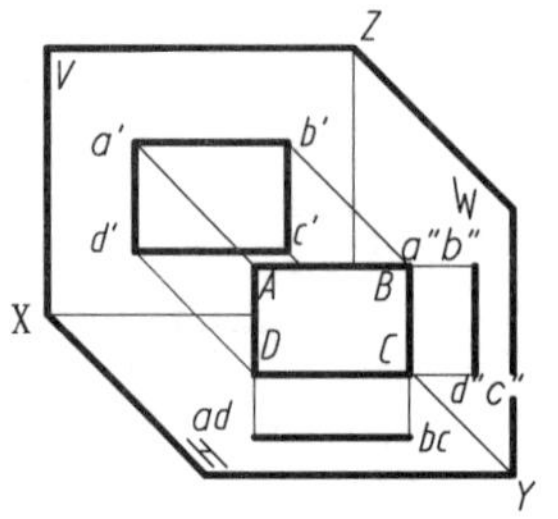	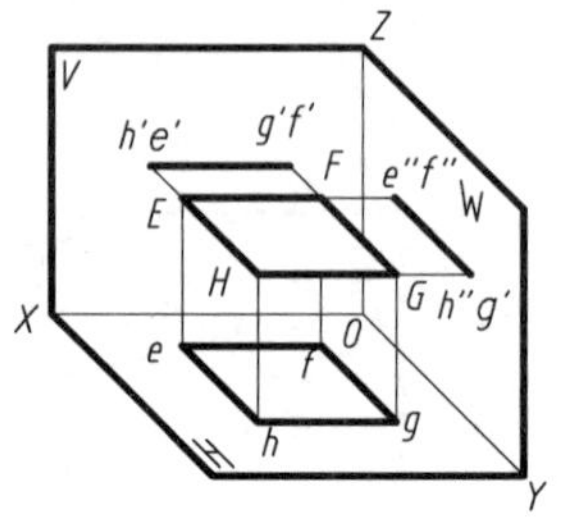	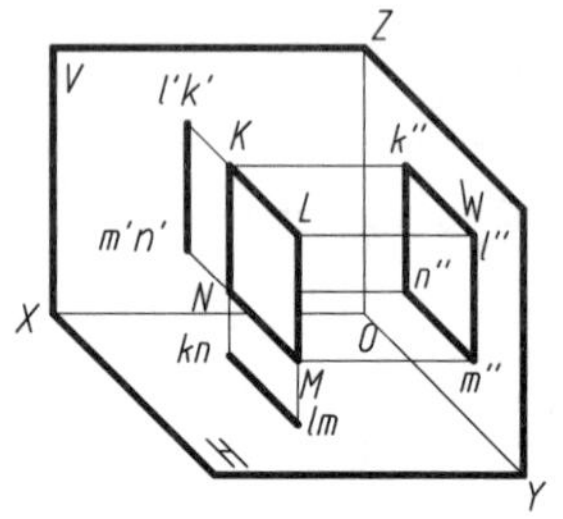
投影图	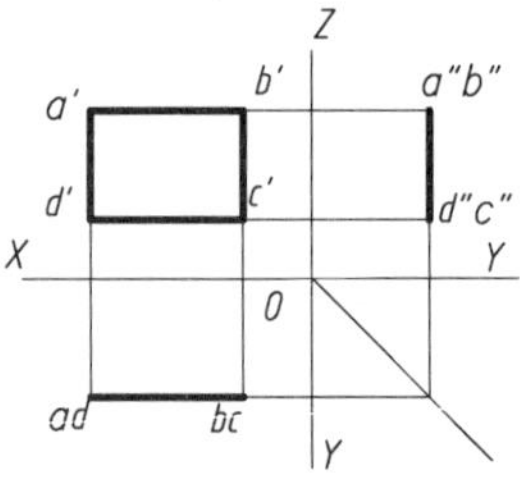	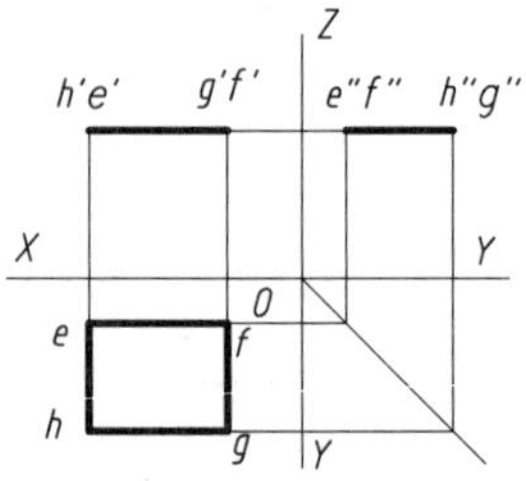	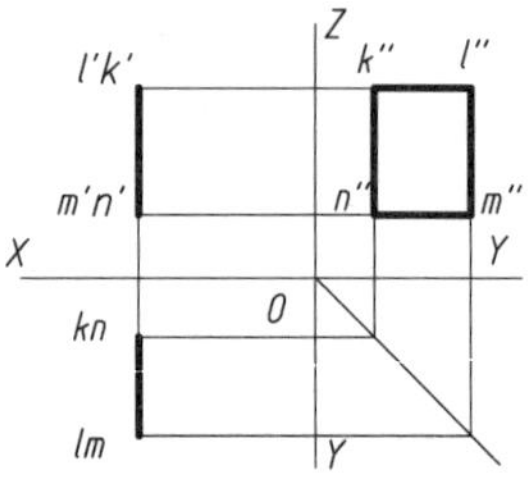
投影特性	1. 正面投影反映实形； 2. 水平投影//OX，侧面投影//OZ，分别积聚成直线	1. 水平投影反映实形； 2. 正面投影//OX，侧面投影//OY，分别积聚成直线	1. 侧面投影反映实形； 2. 正面投影//OZ，水平投影//OY，分别积聚成直线

2.4.3 平面内的点和直线

1. 平面内的点

点在平面内的几何条件是：点在该平面内的一条直线上。因此，要在平面内取点必须先在平面内取直线，然后再在此直线上取点，如图 2.33(a)所示。

2. 平面内的直线

直线在平面内的几何条件是：直线通过平面内两点，或通过平面内一点且平行于平面内的一条直线，如图 2.33(b)、(c)所示。

[例 2.6] 如图 2.34 所示，已知平面由两平行直线 AB、CD 确定，试判断点 M 是否在该平面内。

分析与作图：

判断点是否属于平面的依据是它是否属于平面上的一条直线。为此，过点 M 的一个投影作属于平面 ABCD 的辅助直线 ST(st,s't')，再检验点 M 的另一投影是否在 ST 直线的另一投影上。由作图可知，点 M 不在该平面内。

3. 特殊位置平面内的点和直线

因为特殊位置的平面在它所垂直的投影面上的投影，积聚成直线，所以特殊位置平面上的点、直线和平面图形，在该平面所垂直的投影面上的投影，都位于这个平面的有积聚性的同面投影上。

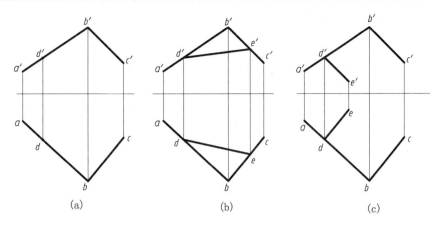

图 2.33 平面内的点和直线

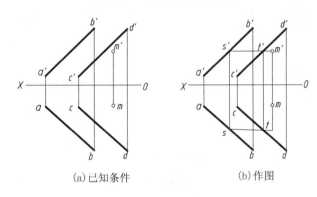

(a)已知条件　　　(b)作图

图 2.34 判断点是否属于平面

[例 2.7] 如图 2.35(a)所示,已知点 A、B 和直线 CD 的两面投影。试过点 A 作正平面;过点 B 作正垂面,使 $\alpha=45°$;过直线 CD 作铅垂面。

分析与作图:

包含点或直线作特殊位置平面,该平面必有一投影与点或直线的某一投影重合。因此,过 A 点所作的正平面,其水平投影一定与 a 重合,正面投影可包含 a' 作任一平面图形;同理,可作包含点 B 的正垂面和包含 CD 直线的铅垂面,如图 2.35(b)所示。

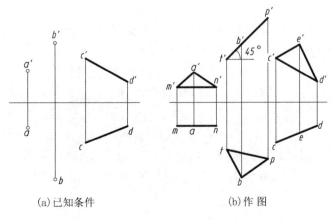

(a)已知条件　　　(b)作　图

图 2.35 过点或直线作特殊位置平面

4. 平面内投影面的平行线

平面内投影面的平行线，即位于平面内且平行于某一投影面的直线，如图 2.36 所示。

平面内投影面的平行线有三种：平面内的水平线、平面内的正平线和平面内的侧平线。它们具有投影面平行线的性质。

[例 2.8] 如图 2.37 所示，已知平面 ABCD 的两面投影，在其上取一点 K，使点 K 在 H 面之上 10 mm，V 面前 15 mm。

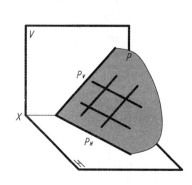

图 2.36 平面内投影面的平行线

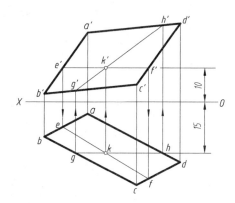

图 2.37 在平面上求一定点 K

分析与作图：

平面内距 H 面为 10 mm 的点的轨迹为平面内的水平线，即 EF 直线；平面内距 V 面为 15 mm 的点的轨迹为平面内的正平线，即 GH 直线。直线 EF 与 GH 的交点，即为所求点 K。

2.5 直线与平面、平面与平面的相对位置

直线与平面及两平面间的相对位置：平行、相交、垂直（相交的特殊情况），现分别介绍如下。

2.5.1 直线与平面及两平面间平行问题

1. 直线与平面平行

直线与平面平行，其几何条件为：如果空间一直线与平面上任一直线平行，则此直线与平面平行。如图 2.38 所示，直线 AB 平行于平面 P 上的直线 CD，那么直线 AB 与平面 P 平行，反之，如直线 AB 与平面 P 平行，那么在平面 P 上必可以找到与直线 AB 平行的直线 CD。

若平面的投影中有一个具有积聚性时，判别直线与平面是否平行只需看平面有积聚性的投影与已知直线的同面投影是否平行。若直线、平面的同面投影都具有积聚性，则直线和平面一定平行。如图 2.39 所示，平面 CDEF 垂直于 H 面，故在 H 面上的投影有积聚性，由于 cdef 平行于直线 AB 的同面投影 ab，所以直线 AB 平行于平面 CDEF。由于直线 MN 和平面 CDEF 的 H 面的投影都具有积聚性，故直线 MN 也平行于平面 CDEF。

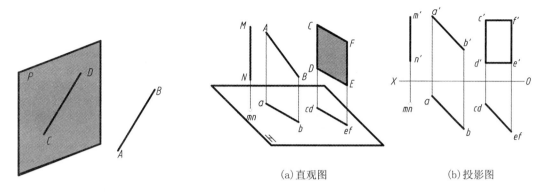

图 2.38 直线与平面平行的几何条件　　图 2.39 判断直线与平面是否平行

[例 2.9] 过点 C 作平面平行于直线 AB，如图 2.40(a)所示。

分析与作图：

如图 2.40(b)所示，欲使直线 AB 与平面平行，须保证 AB 平行于平面内一直线，所以过 C 点作 $CD/\!/AB$（即作 $cd/\!/ab$，$c'd'/\!/a'b'$），再过点 C 作任一直线 CE，则相交两直线 CD、CE 决定的平面即为所求。显然，由于 CE 是任意作出的，所以此题可以作无数个平面平行于已知直线。

又若过点 C 作一铅垂面平行已知直线，那么只能作一个平面，即过点 C 的水平投影 c 作平面 P_H 平行于 ab，如图 2.41 所示。

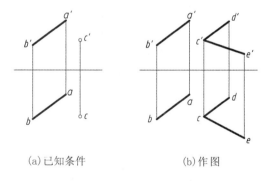

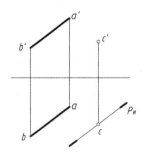

图 2.40 过点 C 作平面平行于直线 AB　　图 2.41 过点 C 作铅垂面平行于直线 AB

[例 2.10] 如图 2.42(a)所示，判断直线 DE 是否平行于 $\triangle ABC$。

分析与作图：

只要检验是否能在 $\triangle ABC$ 上，作出一条直线平行于 DE 即可。作图结果如图 2.42(b)所示，作图过程如下：

(1) 过 a' 作 $a'f'/\!/d'e'$ 交 $b'c'$ 于 f'。

(2) 由 f' 引投影连线与 bc 交于 f，连 a 与 f。

(3) 检验 af 是否与 de 相平行。检验结果：$af/\!/de$，所以，图 2.42 中的直线 DE 平行于 $\triangle ABC$。

[例 2.11] 如图 2.43 所示，已知直线 DE 平行于 $\triangle ABC$，试补全 $\triangle ABC$ 的正面投影。

分析与作图：

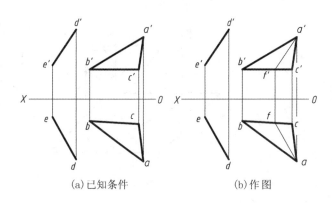

(a) 已知条件　　　　(b) 作图

图 2.42　判断 DE 是否平行于△ABC

通过直线 AB 上的任一点作 DE 的平行线,它与 AB 所确定的平面,就是△ABC 平面,于是就可按已知平面上的直线的一个投影作另一投影的方法,完成△ABC 的正面投影。作图过程如下:

(1) 如图 2.43(b)所示,过 a 作 af//de,过 a' 作 a'f'//d'e',af 与 bc 交于 f,由 f 作投影连线与 a'f' 交于 f'。

(2) 连 b' 与 f',延长 b'f' 与过 c 作的投影连线交于 c'。

(3) 连 a' 与 c' 就补全了△ABC 的正面投影△a'b'c'。

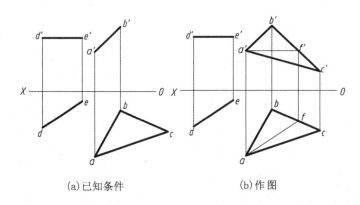

(a) 已知条件　　　　(b) 作图

图 2.43　补全与已知直线平行的平面

2. 平面与平面平行

平面与平面平行,其几何条件是:如果平面内两条相交直线分别与另一平面内的两条相交直线平行,那么该两平面互相平行。

如图 2.44 所示,平面 P 上有一对相交直线 AB、AC 分别与平面 Q 上一对相交直线 DE、DF 平行,即 AB//DE,AC//DF,那么平面 P 与 Q 平行。

若两平面都垂直于同一投影面,且两个平面具有积聚性的同面投影互相平行,则该两平面在空间互相平行。如图 2.45 中,因为 abcd//efgh,则平面 ABCD//EFGH。

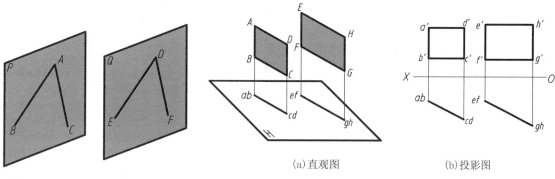

图 2.44 两平面平行的几何条件

(a) 直观图　　(b) 投影图

图 2.45 两铅垂面互相平行

2.5.2 直线与平面及两平面的相交问题

直线与平面相交,其交点是直线和平面的共有点;两平面相交,其交线是两平面的共有直线。

1. 特殊位置平面(或直线)与一般位置直线(或平面)相交

当直线或平面与某一投影面垂直时,可利用其投影的积聚性直接确定交点的一个投影。

[例 2.12]　求直线 AB 与铅垂面 $CDFE$ 的交点,并判断直线 AB 的可见性。

分析与作图:

如图 2.46(a)所示,直线 AB 与铅垂面 $CDEF$ 相交于点 K,交点 K 是两者的共有点。根据平面投影的积聚性及直线上点的投影特性,可作得交点的水平投影 k 必在平面的水平投影 $cdef$ 和 ab 的交点上,再由 K 在直线上求出交点 K 的正面投影 k',作图过程如图 2.46(b)所示。

(1) 在图 2.46(b)的水平投影上,标出 $cdef$ 与 ab 的交点 k。

(2) 作出 $a'b'$ 上 K 的正面投影 k',则 $K(k,k')$ 为所求交点。

(3) 可见性判别:由于平面的水平投影具有积聚性,直线的水平投影不需判断其可见性。在正面投影中,假设平面不透明,由前向后投影,凡位于平面之前的线段为可见($k'b'$ 可见),画成实线,位于平面之后的线段为不可见($k'a'$ 不可见),但超出平面范围的直线仍可见,不可见线段画成虚线。交点是可见与不可见的分界点。作图结果如图 2.46(c)所示。

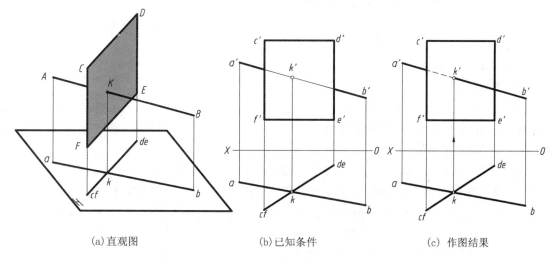

(a) 直观图　　(b) 已知条件　　(c) 作图结果

图 2.46 一般位置直线与投影面垂直面相交

[例 2.13] 求正垂线 MN 与平面 ABC 的交点,并判别直线 MN 的可见性。

分析与作图:

如图 2.47 所示,由于 MN 是正垂线,交点 K 的正面投影 k' 必定与 m'n' 重合。又因点 K 是 MN 与 △ABC 的共有点,利用面上取点的方法,在平面 abc 上作出 K 点的水平投影 k,作图过程如图 2.47(b)所示。

(1) 由于 k' 重合于 m'n',连 a' 与 k' 延长 a'k' 与 b'c' 交于 f',由 f' 作投影连线与 bc 交于 f,连 a 与 f,af 与 mn 交于 k,k' 和 k 即为所求交点 K 的两面投影。

(2) 可见性判别:取交叉两直线 AB、MN 对 H 面投影的重影点,AB 上的点 L 的正面投影 l' 在 a'b' 上,MN 上的点 G 的正面投影 g' 重合于 m'n'。因为 l' 比 g' 高,所以 AB 上的点 L 的水平投影 l 可见,于是 kn 画成实线。MN 上的 G 的水平投影 g 不可见,于是 km 不可见,画成虚线,超出平面范围的直线仍为可见,应画成实线,作图结果如图 2.47(b)所示。

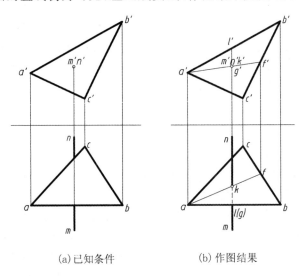

(a)已知条件　　　　(b)作图结果

图 2.47　正垂线与一般位置平面相交

2. 特殊位置平面与一般位置平面相交

因为两平面相交的交线是直线且为两平面的共有线,所以求交线只需求出两个共有点,即问题可转化为一般位置直线与特殊位置平面相交求交点的问题。

[例 2.14] 求铅垂面 STUV 与 △ABC 的交线,并判别可见性。

分析与作图:

如图 2.48(a)所示,△ABC 与铅垂面相交,可看成是直线 AB 和 CB 分别与铅垂面相交,利用例 2.12 的作图方法,可方便地求出交点 K 和 L,连接 K、L 即为所求交线。作图过程如图 2.48(c)所示。

(1) 作出 △ABC 的 AB 边与平面 STUV 的交点 K 的两面投影 k 和 k'。

(2) 同理作出 △ABC 的 BC 边与平面 STUV 的交点 L 的两面投影 l 和 l'。

(3) 连 k' 与 l',而 kl 就积聚在 stuv 上,所以 k'l'、kl 即为所求交线 KL 的两面投影。

(4) 由 △ABC 和平面 STUV 的水平投影,可看出 △kbl 在交线 KL 的右下部分位于平面 STUV 之前,因而在正面投影中的 b'k'l' 部分为可见,画成实线,而 a'k'l'c' 重影于 s't'u'v' 的部分不可见,画成虚线。

第 2 章 点、直线和平面的投影

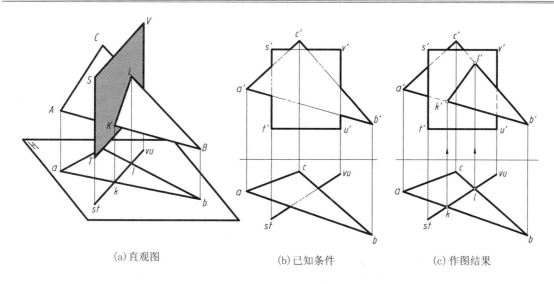

(a)直观图　　　　　　　(b)已知条件　　　　　　(c)作图结果

图 2.48　特殊位置平面与一般位置平面相交

当两平面均垂直于同一投影面时，其交线也一定与两平面所垂直的投影面垂直，利用有积聚性的投影，可方便地求出，如图 2.49 所示。

*3. 一般位置直线与一般位置平面相交

由于一般位置直线和一般位置平面的投影都没有积聚性，所以不能在投影图上直接定出交点来，需经过一定的作图过程才能求得，其作图过程应分为三步，如图 2.50 所示。

(1) 包含已知直线 AB 作垂直于投影面的辅助平面 R。
(2) 求辅助平面 R 与已知平面△CDE 的交线 MN。
(3) 交线 MN 与已知直线的交点 K 即为所求。

利用重影点的可见性来判别直线可见性。在正面投影上取 $a'b'$ 与 $d'e'$ 的重影点 Ⅰ($1,1'$) 和 Ⅱ($2,2'$)，可判断 $a'k'$ 在前为可见，应画成实线，而 $b'k'$ 被△CDE 遮住的一段应画成虚线。同理，在水平投影上取 ce 与 ab 的重影点 Ⅲ($3,3'$) 和 Ⅳ($4,4'$) 可判定 ak 一段为可见。

*4. 两个一般位置平面相交

求两个一般位置平面的交线，可将一平面视为由两相交直线构成，只要分别求出两直线与平面的交点，然后将两交点的同面投影相连，即为两平面的共有直线。求交点需用前述的直线与平面求交点的三个作图步骤才能作出。

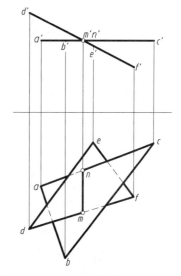

图 2.49　两垂直于同一投影面的平面的交线

图 2.51 所示为△ABC 和△DEF 相交，可分别求出边 DE 及 DF 与△ABC 的两个交点 K(k,k') 及 L(l,l')，KL 便是两三角形的交线。在作图过程中，包含直线 DE 和 DF 所作的辅助平面分别为 S 和 R。

可见性判别：两平面交线是两平面在投影图上可见与不可见的分界线，根据平面的连续性，只要判断出平面的一部分的可见性，其余部分就自然明确了。尽管每个投影上都有 4 对重影点，实际只要分别选择一对重影点判别即可，如图 2.51 所示，判别方法与图 2.50 相同。

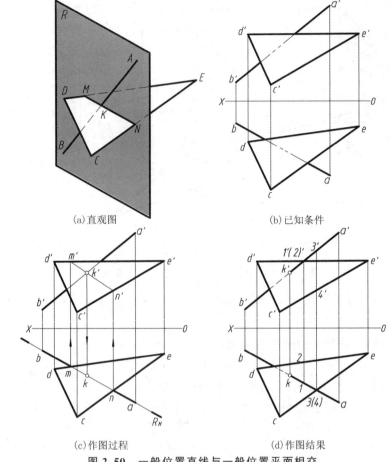

(a) 直观图　　(b) 已知条件

(c) 作图过程　　(d) 作图结果

图 2.50　一般位置直线与一般位置平面相交

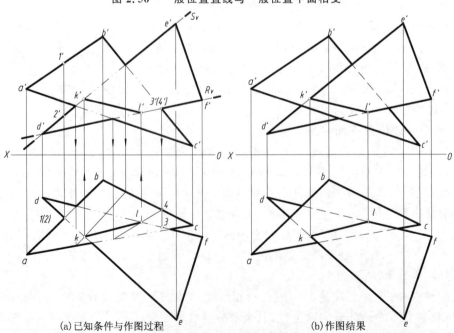

(a) 已知条件与作图过程　　(b) 作图结果

图 2.51　两个一般位置平面的交线

*2.5.3 直线与平面及两平面的垂直问题

1. 直线与平面垂直

直线与平面垂直的几何条件为:如果空间一直线垂直于平面内两条相交直线(含交叉垂直),则此直线垂直于该平面,直线也叫平面的法线。反之,若直线垂直于一平面,则此直线垂直于平面内的所有直线。

根据直角投影定理,可得出直线与平面垂直的投影特性,直线的正面投影,垂直于平面内正平线的正面投影;直线的水平投影,垂直于平面内水平线的水平投影,如图 2.52 所示。

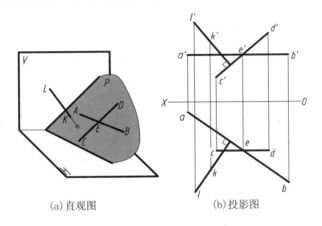

(a)直观图　　(b)投影图

图 2.52　直线与平面垂直

由上述讨论可知,要在投影图上确定平面垂线的方向,必须先确定平面内投影面平行线的方向。

[例 2.15]　试过点 S 作 $\triangle ABC$ 的法线 ST,如图 2.53 所示。

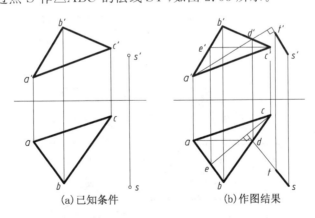

(a)已知条件　　(b)作图结果

图 2.53　过点作平面的垂线

分析与作图:

该题是求法线 ST 的两投影 st 和 $s't'$,为此,需在已知平面内作任一正平线和水平线,使得 ST 分别垂直于这两条直线,即为所求。作图过程为:

(1) 先作出 $\triangle ABC$ 内的水平线 $CE(c'e', ce)$ 和正平线 $AD(a'd', ad)$。

(2) 过 s' 引 $a'd'$ 的垂线 $s't'$,过 s 引 ce 的垂线 st,即为所求。

应当注意,所求法线与平面内的正平线和水平线是交叉垂直的,投影图上不反映垂足。垂足是法线和平面的交点。因此,若想得到垂足,必须按直线与平面求交点的三个作图步骤才能求得,若想知道 S 点到 $\triangle ABC$ 的距离必须求出 S 点和垂足间的实长。

[**例 2.16**] 如图 2.54(a)所示,过点 A 作平面垂直于直线 BC。

分析与作图:

根据前述定理,只要过 A 点分别作正平线和水平线与 BC 相垂直,则相交两直线所确定的平面即为所求,作图过程如图 2.54(b)所示。

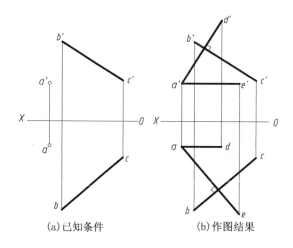

(a)已知条件　　　(b)作图结果

图 2.54　过点 A 作平面垂直于 BC

(1) 作正平线:过 a 作 $ad/\!/OX$,过 a' 作 $a'd' \perp b'c'$。
(2) 作水平线:过 a' 作 $a'e'/\!/OX$,过 a 作 $ae \perp bc$。

正平线 AD 和水平线 AE 所确定的平面 ADE 即为所求。

若直线垂直于投影面垂直面,则直线必平行于该平面所垂直的投影面,在投影面上直线的投影垂直于平面有积聚性的投影。例如在图 2.55 中,直线 AB 与垂直于 H 面的平面 $CDEF$ 相互垂直,则 AB 必为水平线。

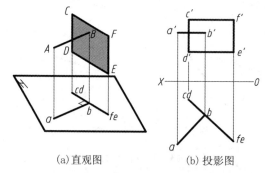

(a)直观图　　　(b)投影图

图 2.55　直线与垂直于投影面的平面垂直

2. 平面与平面垂直

两平面互相垂直的几何条件是:一个平面上有一条直线垂直于另一平面。由此可知,直线垂直于平面是两平面垂直的必要条件。

[**例 2.17**] 已知如图 2.56(a)所示,过点 A 作平行于直线 CJ 且垂直 $\triangle DEF$ 的平面。

分析与作图：

只要过点 A 分别作直线平行于 CJ 和垂直于 $\triangle DEF$，则相交两直线确定的平面即为所求，作图过程如图 2.56(b) 所示。

(1) 过点 A 作直线 $AB//CJ$，即作 $a'b'//c'j'$，$ab//cj$。

(2) 在 $\triangle DEF$ 中作水平线 DN 和正平线 DM。

(3) 过点 A 作直线 $AK \perp \triangle DEF$，即作 $a'k' \perp d'm'$，$ak \perp dn$。相交两直线 AB、AK 所确定的平面即为所求。$a'b'k'$、abk 就是所求平面 ABK 的两面投影。

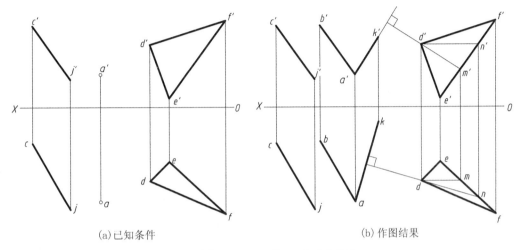

(a) 已知条件　　(b) 作图结果

图 2.56　过点 A 作平面 $//CJ$，且垂直于 $\triangle DEF$

若相互垂直的两平面同时垂直于某一投影面，则两平面有积聚性的同面投影必互相垂直，如图 2.57 所示。

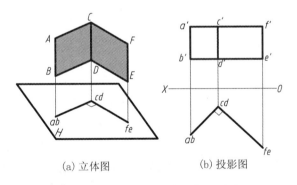

(a) 立体图　　(b) 投影图

图 2.57　两投影面垂直面相互垂直

2.6　换面法

当空间直线和平面对投影面处于平行或垂直的特殊位置时，其投影能够直接反映实形或具有积聚性，这样使得图示清楚、图解方便简捷。当直线和平面处于一般位置时，它们的投影就不具备这些特性。如果把一般位置的直线和平面变换成特殊位置，空间几何元素的有关问题往往容易快速而准确地解决。换面法就是研究如何改变几何元素与投影面之间的相对位置,达到简化解题目的方法之一。

2.6.1 换面法的基本概念

图 2.58 表示一铅垂面 △ABC,该三角形在 V 面和 H 面的投影体系中的两个投影都不反映实形,为求 △ABC 的实形,取一个平行于三角形且垂直于 H 面的 V_1 面来代替 V 面,则新的 V_1 面和不变的 H 面构成一个新的两投影面体系 V_1/H。三角形在 V_1/H 体系中 V_1 面上的投影 $\triangle a_1'b_1'c_1'$ 就反映三角形的实形,再以 V_1 面和 H 面的交线 X_1 为轴,使 V_1 面旋转至和 H 面重合,就得出 V_1/H 体系的投影图,这样的方法就称为变换投影面法,简称换面法。

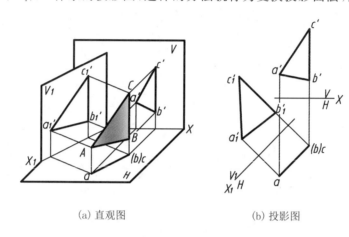

(a) 直观图　　　　　　(b) 投影图

图 2.58　V/H 体系变为 V_1/H 体系

新投影面不能任意选择,必须符合以下两个基本条件:
(1) 新投影面必须和空间几何元素处于有利于解题的位置。
(2) 新投影面必须垂直于一个不变的投影面。

2.6.2 点的投影变换规律

1. 点的一次变换

点是最基本的几何元素,因此,在变换投影面时,首先要了解点的投影变换规律。

如图 2.59 所示,点 A 在 V/H 体系中的正面投影为 a',水平投影为 a。现在保留 H 面不变,取一铅垂面 $V_1(V_1 \perp H)$ 来代替正立面 V。使之形成新的两投影面体系 V_1/H。V_1 面与 H 面的交线是新的投影轴 X_1,过 A 点向 V_1 投影面引垂线,垂线与 V_1 面的交点 a_1' 即为 A 点在 V_1 面上的新投影,这样就得到了在 V_1/H 体系中 A 点的两个投影 a_1' 和 a。

因为新旧两投影体系具有同一个水平面 H,因此说点 A 到 H 面的距离(Z 坐标)在新旧体系中都是相同的,即 $a'a_X = Aa = a_1'a_{X_1}$。当 V_1 面绕 X_1 轴旋转到与 H 面重合时,根据点的投影规律可知,A 点的两投影 a 和 a_1' 连线 aa_1' 应垂直于 X_1 轴。

根据以上分析,可以得出点的投影变换规律:
(1) 点的新投影和不变投影的连线垂直于新投影轴。
(2) 点的新投影到新投影轴的距离等于被变换的旧投影到旧投影轴的距离。

图 2.59(b) 表示了将 V/H 体系中的投影 (a, a') 变换成 V_1/H 体系中的投影 (a, a_1') 的作图过程。首先按要求条件画出新投影轴 X_1,新投影轴确定了新投影面在投影体系中的位置。

然后过点 a 作 $aa_1'\perp X_1$,在垂线上截取 $a_1'a_{X1}=a'a_X$,则 a_1' 即为所求的新投影。

图 2.60 表示更换水平面的作图过程。取正垂面 H_1 来代替 H 面,H_1 面和 V 面构成新投影体系 V/H_1。新旧两体系具有同一个 V 面,因此 $a_1a_{X1}=Aa'=aa_X$。图 2.60(b)表示在投影图上由 a、a' 求作 a_1 的过程,首先作出新投影轴 X_1,然后过 a' 作 $a'a_{X1}\perp X_1$,在垂线上截取 $a_1a_{X1}=aa_X$,则 a_1 即为所求的新投影。

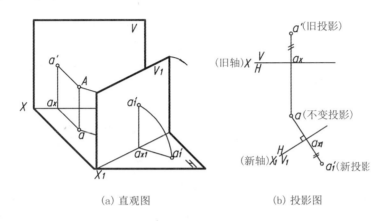

(a) 直观图　　　　(b) 投影图

图 2.59　点的一次变换(变换 V 面)

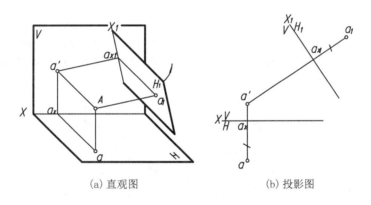

(a) 直观图　　　　(b) 投影图

图 2.60　点的一次变换(变换 H 面)

2. 点的两次变换

在运用换面法解决实际问题时,更换一次投影面有时不能解决问题,需更换两次或更换多次。图 2.61 表示更换两次投影面时,求点的新投影的作图方法,其原理和更换一次投影面相同。

但必须指出:在更换投影面时,新投影面的选择必须符合前面所述的两个条件;而且不能一次更换两个投影面,必须一个更换完以后,在新的两面体系中,交替地再更换另一个。如图 2.61 所示,先由 V_1 面代替 V 面,构成新体系 V_1/H;再以 V_1/H 体系为基础,取 H_2 面代替 H 面,又构成新体系 V_1/H_2。

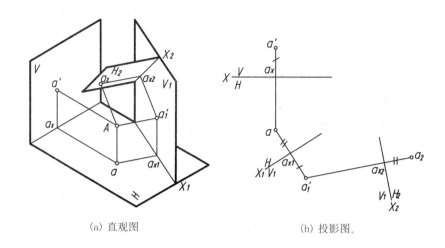

(a) 直观图 (b) 投影图

图 2.61 点的二次变换

2.6.3 直线在换面法中的三种情况

1. 通过一次换面可将一般位置直线变换成投影面平行线

欲将一般位置直线变换为投影面平行线,应设立一个与直线平行且与 V/H 体系中的某一投影面垂直的新投影面,因此新投影轴应平行于直线原有的投影。

如图 2.62(a)所示,为了使 AB 在 V_1/H 体系中成为 V_1 面的平行线,可设立一个与 AB 平行且垂直于 H 面的 V_1 面,更换 V 面,按照 V_1 面平行线的投影特性,新投影轴 X_1 应平行于原有投影 ab,作图过程如图 2.62(b)所示。

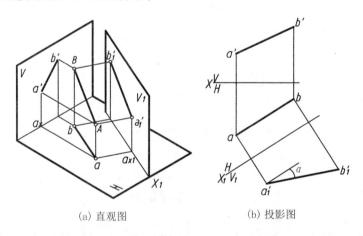

(a) 直观图 (b) 投影图

图 2.62 将一般位置直线变换成投影面平行线

(1) 在适当位置作 $X_1 /\!/ ab$;
(2) 按照点的投影变换规律,求作出 A、B 两点的新投影 a_1'、b_1',连线 $a_1'b_1'$ 即为所求。

此时,直线 AB 为 V_1/H 体系中的 V_1 面平行线,$a_1'b_1'$ 反映实长,$a_1'b_1'$ 与 X_1 轴的夹角就是直线 AB 对 H 面的倾角 α。

同理,也可通过一次换面将直线 AB 变换成 H_1 面的平行线。这时 a_1b_1 反映实长,a_1b_1 与 X_1 轴的夹角反映直线 AB 对 V 面的倾角 β。

2. 通过一次换面可将投影面平行线变换成投影面垂直线

欲将投影面平行线变换成投影面垂直线，应设立一个与已知直线垂直，且与 V/H 体系中的某一投影面垂直的新投影面，因此新投影轴 X_1 应垂直于直线反映实长的投影。

如图 2.63(a)所示在 V/H 体系中，有正平线 AB，因为与 AB 垂直的平面也必然垂直于 V 面，故可用 H_1 面来更换 H 面，使 AB 成为 V/H_1 中的 H_1 面垂直线。在 V/H_1 中，按照 H_1 面垂直线的投影特性，新投影轴 X_1 应垂直于 $a'b'$。作图过程如图 2.63(b)所示。

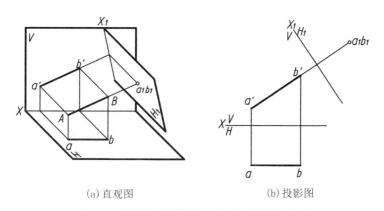

(a) 直观图　　　　　　(b) 投影图

图 2.63　将投影面平行线变换为投影面垂直线

(1) 作 $X_1 \perp a'b'$。

(2) 按照点的变换规律，求得点 A、B 互相重合的投影 a_1 和 b_1，$a_1 b_1$ 即为 AB 积聚成一点的 H_1 面投影，AB 就成为 V/H_1 体系中的 H_1 面垂直线。

同理，通过一次换面，也可将水平线变换成 V_1 面垂直线，AB 在 V_1 面上的投影便积聚成一点。

3. 通过两次换面，可将一般位置直线变换成投影面垂直线

欲把一般位置直线变换为投影面的垂直线，显然一次换面是不能完成的。因为若选新投影面垂直于已知直线，则新投影面也一定是一般位置平面，它和原体系中的两投影面均不垂直，因此，不能构成新的投影面体系。若想达到上述目的，应先将一般位置直线变换成投影面平行线，再将投影面平行线变换成投影面垂直线，如图 2.64(a)所示。作图过程如图 2.64(b)所示。

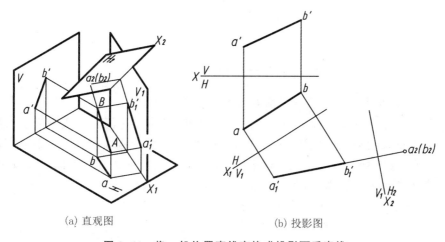

(a) 直观图　　　　　　(b) 投影图

图 2.64　将一般位置直线变换成投影面垂直线

(1) 作 $X_1 /\!/ ab$，将 V/H 体系中的 $a'b'$ 变换为 V_1/H 体系中的 $a_1'b_1'$。

(2) 在 V_1/H 体系中作 $X_2 \perp a_1'b_1'$，将 V_1/H 体系中的 ab 变换为 V_1/H_2 体系中的 $a_2'b_2'$。

同理，通过两次变换也可将一般位置直线变换成 V_2 面垂直线，即先将一般位置直线变换成 H_1 面平行线，再将 H_1 面平行线变换成 V_2 面垂直线。

[**例 2.18**]　如图 2.65(a)所示，已知直线 AB 的正面投影 $a'b'$ 和点 A 的水平投影 a，并知点 B 在点 A 的前方，AB 对 V 面的倾角 $\beta=45°$，求 AB 的水平投影 ab。

分析与作图：

因为已知倾角 β，所以应将 AB 变换成 H_1 面平行线。由于 $a_1 b_1$ 与 X_1 的夹角反映 β 角，可作出 $a_1 b_1$，按点的投影变换规律，反求出原体系 V/H 中的投影 b。连接 ab，即为所求。作图过程如图 2.65(b)所示。

(1) 作 $X_1 /\!/ a'b'$，并求出点 a_1，在 V/H_1 体系中，由点 a_1 向后作与 X_1 倾斜 45°的直线，与过点 b' 的投影连线交于点 b_1，得 $a_1 b_1$。

(2) 在 V/H 体系中由点 b' 作投影连线，并在其上量取点 b 到 X 轴的距离等于点 b_1 到 X_1 轴的距离得点 b，连 ab 即为所求。

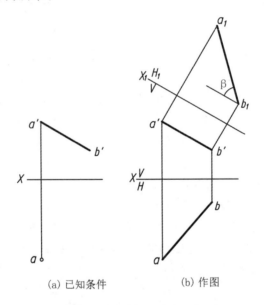

(a) 已知条件　　(b) 作图

图 2.65　试完成 **AB** 的水平投影

2.6.4　平面在换面法中的三种情况

1. 通过一次换面可将一般位置平面变换成投影面垂直面

欲将一般位置平面变换为投影面垂直面，只需使该平面内的任一直线垂直于新投影面即可。但考虑若在平面上取一般位置直线，则需两次换面，若取投影面平行线，则一次换面便可达到目的。因此，在平面上取一条投影面平行线，设立一个与它垂直的平面为新投影面，新投影轴应与平面上所选的投影面平行线的反映实长的投影相垂直。

图 2.66 表示把 $\triangle ABC$ 变换为投影面垂直面的作图过程。

(1) 在 $\triangle ABC$ 上取一条水平线 $AD(a'd', ad)$；

(2) 作新投影轴 X_1 垂直于 ad；

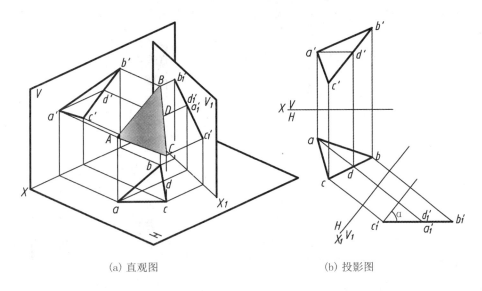

(a) 直观图　　　　　　　　　(b) 投影图

图 2.66　将一般位置平面变换成投影面垂直面

(3) 求△ABC 的新投影，则 $a_1'b_1'c_1'$ 必在同一直线上，并且 $a_1'b_1'c_1'$ 与 X_1 轴的夹角即为△ABC 与 H 面的夹角 α。

若要求作△ABC 与 V 面的倾角 β，应在△ABC 上取正平线使新投影面 H_1 垂直于这条正平线，新投影轴垂直于正平线的正面投影，则有积聚性的新投影 $a_1b_1c_1$ 与 X_1 轴的夹角即反映△ABC 与 V 面的倾角 β。

2. 通过一次换面可将投影面垂直面变换为投影面平行面

欲将投影面垂直面变换为投影面平行面，应设立一个与已知平面平行，且与 V/H 投影体系中某一投影面相垂直的新投影面。新投影轴应平行于平面有积聚性的投影。

图 2.67 表示把正垂面△ABC 变换为投影面平行面的作图过程。

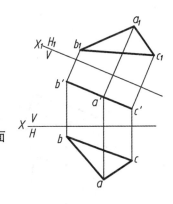

图 2.67　将投影面垂直面变换为投影面平行面

(1) 作 $X_1 // a'b'c'$；

(2) 在新投影面上求出△ABC 的新投影 $a_1b_1c_1$，连成△$a_1b_1c_1$ 即为△ABC 的实形。

若要求作铅垂面的实形，应使新投影面 V_1 平行于该平面，新投影轴平行于平面有积聚性的投影。此时，平面在 V_1 面上的投影反映实形。

3. 通过两次换面可将一般位置平面变换为投影面平行面

欲把一般位置平面变换为投影面平行面，显然一次换面是不能完成的。因为若选新投影面平行于一般位置平面，则新投影面也是一般位置平面，它与原体系中的两投影面均不垂直，不能构成新的投影体系。若想达到上述目的应先将一般位置平面变换成投影面垂直面，再将投影面垂直面变换成投影面平行面。

如图 2.68 所示，在 V/H 中有处于一般位置的△ABC，要求作△ABC 的实形。可先将 V/H 中的一般位置△ABC 变成 V_1/H 中的 V_1 面垂直面，再将 V_1 面垂直面变成 V_1/H_2 中的 H_2 面的平行面，△$a_2b_2c_2$ 即为△ABC 的真形，作图过程如图 2.68 所示。

(1) 先在 V/H 中作 $\triangle ABC$ 上的水平线 AD 的两面投影 $a'd'$ 和 ad；

(2) 作 $X_1 \perp ad$，按投影变换的基本作图法作出点 A、B、C 的 V_1 面投影 a_1'、b_1'、c_1'；

(3) 作 $X_2 // a_1'b_1'c_1'$，按投影变换的基本作图法在 H_2 面上作出 $\triangle a_2b_2c_2$ 即为 $\triangle ABC$ 的实形。

当然也可在 $\triangle ABC$ 上取正平线，第一次换面，设立与正平线正面投影垂直的 H_1 面，将 $\triangle ABC$ 变换成 V/H_1 中 H_1 面的垂直面；第二次换面时再设立与 $\triangle ABC$ 相平行的 V_2 面，将 $\triangle ABC$ 变换成 V_2/H_1 中 V_2 面平行面。作出它的 V_2 面投影 $a_2'b_2'c_2'$ 即为 $\triangle ABC$ 的实形。

2.6.5 换面法解题举例

[例 2.19] 如图 2.69(a)所示，在 $\triangle ABC$ 平面内求一点 D，使该点在 H 面之上 10 mm 且与顶点 C 相距 20 mm。

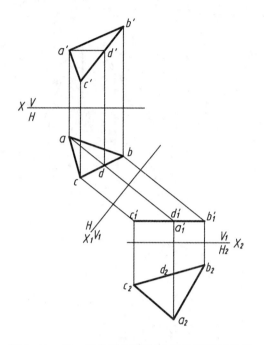

图 2.68 将一般位置平面变换为投影面平行面

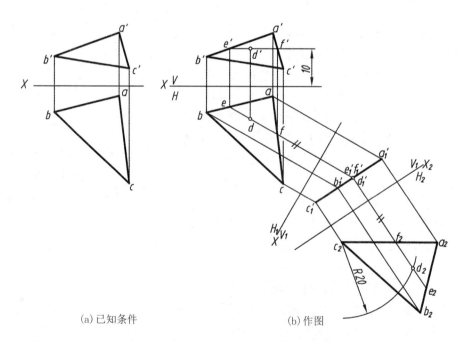

(a) 已知条件　　　　(b) 作图

图 2.69 按已知条件作 $\triangle ABC$ 内的点 D

分析与作图：

所求点 D 应从两个方面考虑：① 该点一定位于平面内距 H 面为 10 mm 的一条水平线上；② 只有在 $\triangle ABC$ 的实形上才能反映点 D 与点 C 间的距离。因此，点 D 只有在 $\triangle ABC$ 实形内的一条直线(原体系的水平线)上才能得到其投影,然后将该投影返回到原体系中。作图过程见图 2.69(b)。

(1) 在 $\triangle ABC$ 内作位于 H 面之上 10 mm 的水平线 $EF(e'f',ef)$;

(2) 作 $X_1 \perp ef$,将 $\triangle ABC$ 变为投影面垂直面,EF 直线随同一起变换成 $e'_1 f'_1$;

(3) 作 $X_2 /\!/ a'_1 b'_1 c'_1$,将 $\triangle ABC$ 变换为投影面平行面,EF 直线随同一起变换成 $e_2 f_2$;

(4) 在 H_2 面投影中,以 c_2 为圆心,以 20 mm 为半径作弧,交 $e_2 f_2$ 于点 d_2;

(5) 将 d_2 返回到原体系(V/H)中的 EF 线上,即 $e'f'$ 和 ef 上,即得所求点 d' 和点 d。

[例 2.20] 如图 2.70 所示,求 $\triangle ABC$ 和 $\triangle ABD$ 之间的夹角。

分析与作图:

当两三角形平面同时垂直某一投影面时,则它们在该投影面上的投影直接反映两面夹角的真实大小(见图 2.70(a))。为使两三角形平面同时垂直某一投影面,只要使它们的交线垂直该投影面即可。根据给出的条件,交线 AB 为一般位置直线,若变为投影面垂直线则需要更换两次投影面,即先变为投影面平行线,再变为投影面垂直线。作图过程见图 2.70(b)。

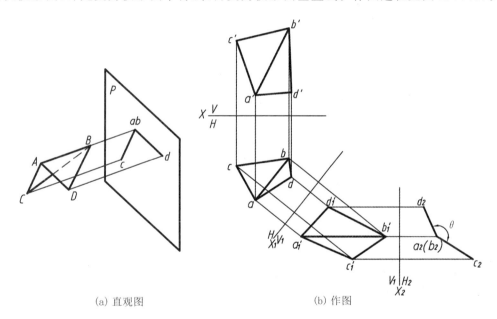

(a) 直观图　　　　　(b) 作图

图 2.70　求两平面之间的夹角

(1) 作 $X_1 /\!/ ab$,使交线 AB 在 V_1/H 体系中变为投影面平行线。

(2) 作 $X_2 \perp a'_1 b'_1$,使交线 AB 在 V_1/H_2 体系中变为投影面垂直线。这时两三角形的投影积聚为一对相交线 $a_2(b_2)c_2$ 和 $a_2(b_2)d_2$,则 $\angle c_2 a_2 d_2$ 即为两面角夹 θ。

[例 2.21] 如图 2.71 所示,平行四边形 $ABCD$ 给定一平面,试求点 S 至该平面的距离。

分析与作图:

当平面变成投影面垂直面时,则直线 SK 变成平面所垂直的投影面的平行线,问题得解,如图 2.71(a)所示,当平面变成 V_1 面的垂直面时,反映点至平面距离的垂线 SK 为 V_1 面的平行线,它在 V_1 面上的投影 $s'_1 k'_1$ 反映实长。当然,如将平面变为 H_1 面的垂直面也可。一般位置平面变成投影面垂直面,只需要变换一次投影面。作图过程见图 2.71(b)。

(1) AD、BC 为水平线,作 $X_1 \perp ad$,将一般位置平面变成投影面垂直面 $a_1'd_1'b_1'c_1'$。
(2) 过 s_1' 作直线 $s_1'k_1' \perp a_1'd_1'b_1'c_1'$,$s_1'k_1'$ 即为所求。

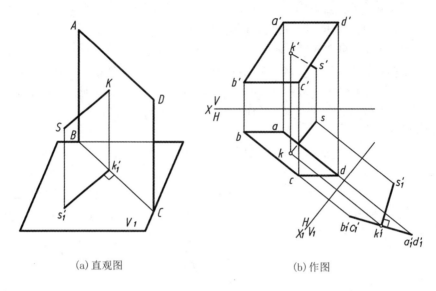

(a) 直观图　　　　　　　　(b) 作图

图 2.71　求点到平面的距离

第 3 章　立体及其表面交线

立体依表面性质不同,分为平面立体和曲面立体。表面全部由平面围成的立体叫平面立体;表面全部由曲面或曲面和平面围成的立体叫曲面立体。本章将研究常见基本立体的投影。

3.1　三视图的形成及投影规律

如图 3.1(a)所示,将立体置于三投影面体系中,分别向 V、H、W 面投影,得到三个投影图。根据国标的规定,用投影法绘制物体的图样时,其投影又称为视图。三面投影称为三视图,正面投影为主视图,水平投影为俯视图,侧面投影为左视图,三视图的配置如图 3.1(b)所示。

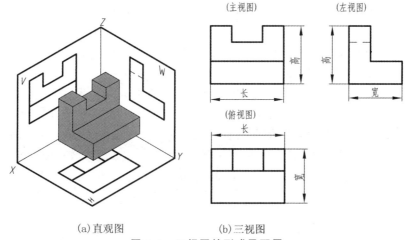

(a)直观图　　　　(b)三视图
图 3.1　三视图的形成及配置

本书从这节开始,在投影图中均不画投影轴。只要按照点的投影规律,即正面投影和水平投影在一竖直的连线上、正面投影和侧面投影在一水平的连线上以及任意两点的水平投影和侧面投影保持前后方向的 Y 坐标差不变和前后对应的原则来绘图。

把投影轴 OX、OY、OZ 方向作为立体的长、宽、高三个方向,则主视图反映立体的长和高,俯视图反映立体的长和宽,左视图反映立体的宽和高。由此可得三视图的投影规律:

主、俯视图长对正;主、左视图高平齐;俯、左视图宽相等,前后对应。

三视图的投影规律,不仅适用于整个立体的投影,对于立体的每一局部形状的投影也应符合这一投影规律。在应用三视图投影规律画图和看图时必须注意立体的前后位置在视图中的反映。俯视图和左视图中,远离主视图的一边反映立体的前面,靠近主视图的一边反映立体的后面。因此在根据"宽相等、前后对应"作图时,要注意量取尺寸的方向。

3.2　平面立体的三视图及表面取点

平面立体的各表面都是平面,平面立体分为棱柱和棱锥。棱线相互平行的是棱柱,棱线交于一点的是棱锥。

绘制平面立体的投影,就是画出围成立体所有平面的投影或画出立体的棱线和顶点的投影。可见的棱线画成粗实线,不可见的棱线画成虚线,当粗实线与虚线重合时,应画成粗实线。

平面立体表面上取点和取线的作图问题,就是平面上取点和取线作图的应用。对于立体表面的点和线的投影,还应考虑它们的可见性。判别可见性的依据是:如果点或线所在的平面的某投影是可见的,则它们的该投影可见,否则为不可见。

3.2.1 棱　柱

(1) 棱柱的三视图:图 3.2 所示为一正五棱柱的直观图和三视图。把五棱柱置于三投影面体系中,使顶面和底面处于水平位置,它们的边分别是四条水平线和一条侧垂线,棱面是四个铅垂面和一个正平面,五条棱线都是铅垂线。俯视图为正五边形,反映上、下底面的实形,五条边也是五个棱面具有积聚性的投影,五个顶点是五条棱线有积聚性的投影。展开后的三视图如图 3.2(b)所示。作图时先画出俯视图正五边形,再按照三视图的投影规律画出主、左两视图。这里必须注意俯视图和左视图之间必须符合宽相等和前后对应的关系。作图时可用分规直接量取宽相等,亦可利用 45°辅助线作图,但 45°辅助线必须画准确。

(2) 棱柱表面取点取线:如图 3.2(b)所示,已知五棱柱表面上的点 F 和 G 的正面投影 $f'(g')$,求其水平投影和侧面投影。

首先判断已知点(或线)位于哪个平面上,该平面的投影有无积聚性,然后通过平面上取点(或线)的方法,完成投影作图,并判别可见性。由已知条件可知 f' 可见,F 点在平面 AA_1B_1B 上,该平面的水平投影具有积聚性,侧面投影可见,根据特殊位置平面上取点的方法,得 f 和 f'',且 f'' 可见。由已知条件知 g' 不可见,G 点在平面 DD_1E_1E 上,该平面的水平投影和侧面投影均具有积聚性,根据平面上取点的方法,得 g 和 g''。

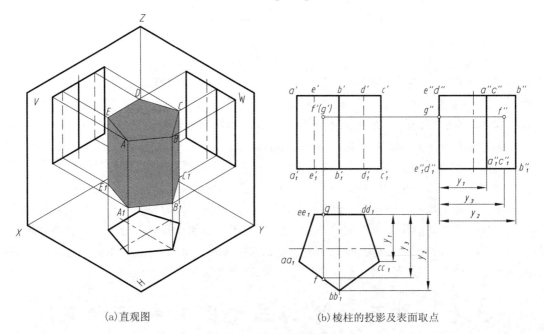

(a) 直观图　　　　　　　　(b) 棱柱的投影及表面取点

图 3.2　正五棱柱的视图

3.2.2 棱　锥

（1）棱锥的三视图：图3.3所示是三棱锥$SABC$的三视图和直观图。从图中可见，底面是水平面，三个棱面都是一般位置平面。绘制三视图时，应先画出底平面的三面投影，再画出棱锥顶点的三面投影，最后画出各棱线的三面投影。

（2）棱锥表面取点取线：如图3.3所示，已知三棱锥表面上M点的水平投影(m)及线段DE和EF的正面投影$d'e'$、$e'f'$，求点和线段的其他投影。由图可知，(m)不可见，于是判断出M点在底面ABC上。底面ABC的正面投影和侧面投影都具有积聚性，于是求出m'和m''。由于$d'e'$和$e'f'$可见，得出线段DE和EF分别在棱面$\triangle SAB$和$\triangle SBC$上，且转折点E在棱线SB上。$\triangle SAB$的水平投影和侧面投影均可见，而$\triangle SBC$的水平投影可见，侧面投影不可见，按一般位置平面上取直线的方法，利用辅助线（延长ED、EF分别交棱线SA和BC于Ⅰ、Ⅱ两点）可求出d、e、f和d''、e''、(f'')。连接de、ef、$d''e''$、$e''f''$。

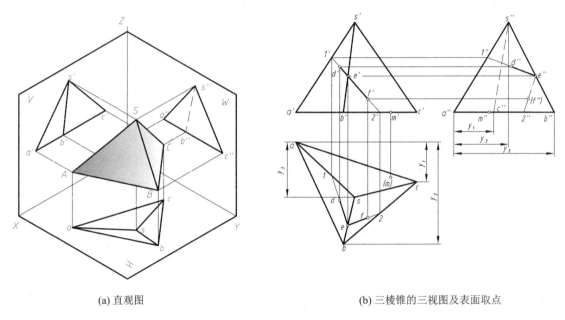

(a) 直观图　　　　　　　　(b) 三棱锥的三视图及表面取点

图3.3　三棱锥的视图及表面取点

3.3　曲面立体的三视图及表面取点

曲面立体是由曲面或曲面与平面组成。常见的曲面立体是圆柱、圆锥、圆球和圆环，常称为基本回转体。

基本回转体的曲面可看作是母线绕一轴线作回转运动形成的。曲面上任一位置的母线称为素线。母线上任意一点随母线运动的轨迹为圆，该圆称为纬圆，纬圆平面垂直于回转轴线。将回转曲面向某投影面进行投影时，曲面上可见部分与不可见部分的分界线称为回转曲面对该投影面的转向轮廓线。

在画曲面立体的三视图时，除了画出表面之间的交线、曲面立体尖点的投影外，还要画出曲面的转向轮廓线。因为转向轮廓线是对某一投影面而言，所以不同的投影面就有不同的转向轮廓线。画图时,凡不属于该投影面的转向轮廓线,一律不画。

曲面立体的表面取点,应本着"点在线上,线在面上"的原则。此时的"线"可能是直线,也可能是纬圆。

3.3.1 圆 柱

(1) 圆柱的形成及三视图:圆柱是由圆柱面和上、下底面所围成。圆柱面可看作是一直线绕与它平行的轴线旋转一周而成。

为方便作图,把圆柱体的底面设置为水平面,如图 3.4 所示。俯视图是一个圆,它是整个圆柱面积聚成的圆周,此圆也是上、下底面的真实投影。主视图和左视图是大小相同的矩形。$a'a'_0$、$c'c'_0$ 是圆柱面对 V 面的转向轮廓线,在俯视图中为圆周上最左、最右两点,在左视图中与轴线重合,它是可见的前半柱面和不可见的后半柱面的分界线。$b''b''_0$、$d''d''_0$ 是圆柱面对 W 面的转向轮廓线,在俯视图中为圆周最前、最后两点,在主视图中与轴线重合,它是可见的左半柱面和不可见的右半柱面的分界线。

画圆柱的三视图时,首先画出圆柱的轴线和投影为圆的中心线,再画出投影为圆的视图,最后画其他两个视图。

(2) 圆柱表面取点:如图 3.4(b)所示,已知圆柱面上点 M 的正面投影 m' 和点 N 的侧面投影 (n''),求该两点的其他投影。因为圆柱面的水平投影具有积聚性,可以利用积聚性求出两点的水平投影 m 和 n,已知点的两投影便可求得第三投影 m'' 和 n'。可见性判别:由于 M 点在圆柱的左前柱面,故 m'' 可见,而 N 点在圆柱的右后柱面,故 n' 不可见,即 (n')。

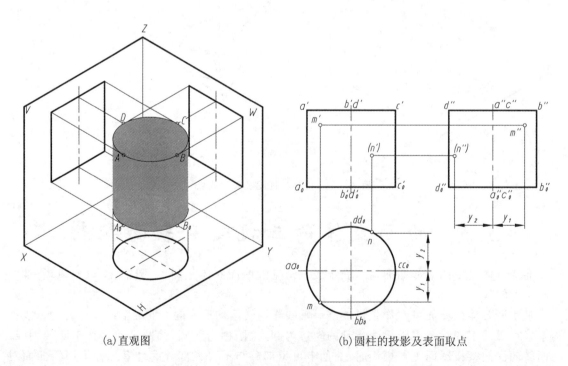

(a) 直观图　　　　　　　　　(b) 圆柱的投影及表面取点

图 3.4　圆柱的视图

3.3.2 圆锥

(1) 圆锥的形成及三视图：圆锥由圆锥面和底面围成，圆锥面可看作由直线绕与它相交的轴线旋转一周而成。因此，圆锥面的素线都是通过锥顶的直线。

为方便作图，把圆锥体的底面设置为水平面，如图 3.5 所示。俯视图是圆，它既是圆锥底面的投影，又是圆锥面的投影。主视图和左视图是等腰三角形，其底边是圆锥底面的积聚性投影，两腰分别为圆锥面上转向轮廓线的投影。转向轮廓线与三视图的对应关系同圆柱，读者可自行分析。

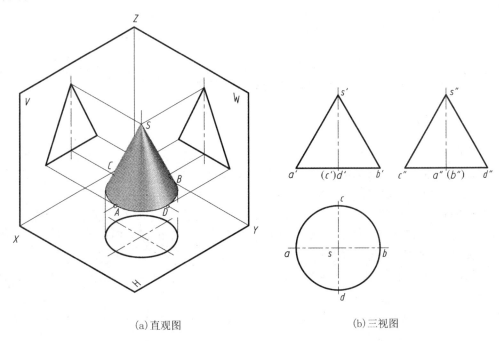

(a) 直观图　　　　　　　　　(b) 三视图

图 3.5　圆锥的视图

(2) 圆锥表面取点：由于圆锥面的三个投影都没有积聚性，求表面上的点时，需采用辅助线法。为了作图简便，在曲面上作的辅助线应尽可能是直线或平行于投影面的圆。如图 3.6 所示，已知圆锥面上点 M 的正面投影 m'，求 m 和 m'' 的方法是：按 M 的位置和可见性，可判定 M 在前、左圆锥面上，因此点 M 的三个投影均可见。作图可采用如下两种方法：

① 辅助素线法：如图 3.6(a) 所示，过锥顶 S 和 M 点作一辅助素线 ST，即在图 3.6(b) 中连接 $s'm'$ 并延长，与底圆的正面投影相交于 t'，求得 st 和 $s''t''$，再根据点的投影特性由 m' 作出 m 和 m''。

② 辅助纬圆法：如图 3.6(a) 所示，过点 M 在锥面上作一纬圆，即在图 3.6(c) 中过 m' 作一水平线(纬圆的正面投影)，与两条转向轮廓线相交于 k'、l' 两点，以 $k'l'$ 为直径作出纬圆的水平投影，并求出纬圆上的 m，再由 m' 和 m 求 m''。

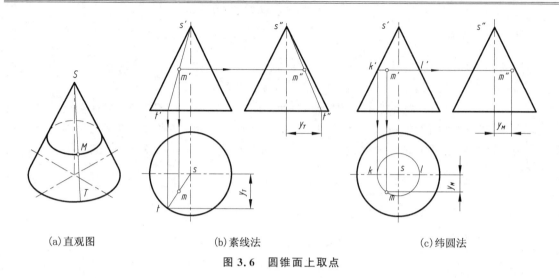

(a)直观图　　　　　　(b)素线法　　　　　　(c)纬圆法

图 3.6　圆锥面上取点

3.3.3　圆　球

(1) 圆球的形成及三视图：圆球由球面围成，球面可看作是由半圆绕其直径旋转一周而成。

圆球的三个视图都是与球的直径相等的圆，如图 3.7 所示。主视图中的 a' 圆是前后半球的分界圆，也是球面上最大的正平圆，俯视图中的 b 圆是上下半球的分界圆，也是球面上最大的水平圆，左视图中的 c'' 圆是左右半球的分界圆，也是球面上最大的侧平圆。三视图中的三个圆分别是球面对 V 面、H 面和 W 面的转向轮廓线，用点画线画它们的对称中心线，各中心线亦是转向轮廓圆的积聚投影位置。

(2) 球面上取点：球面的三个视图都没有积聚性。球面上取点常选用平行于投影面的圆作为辅助纬圆。

如图 3.7 所示，已知球面上点 M 的正面投影 m'，求其他两面投影。

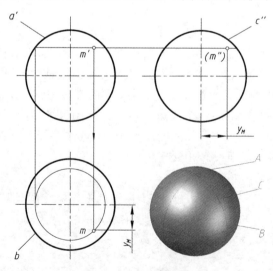

图 3.7　球的三视图

根据 m' 的位置和可见性，可断定 M 点在上半球的右、前部，因此 M 点的水平投影可见，侧面投影不可见。作图采用辅助纬圆法，即过 m' 作一水平纬圆，因点属于辅助纬圆，故点的投影必属于辅助纬圆的同面投影。该问题也可采用过 m' 作正平纬圆或侧平纬圆来解决,这里不再赘述。

*3.3.4　圆　环

（1）圆环的形成及视图:圆环由环面围成。圆环面可看作是以圆为母线,绕与其共面但不通过圆心的轴线旋转一周而形成。圆母线离轴线较远的半圆旋转形成的曲面是外环面,离轴线较近的半圆旋转形成的曲面是内环面。

如图 3.8 所示,圆环的俯视图是两个同心圆,是环面对 H 面的转向轮廓线,是环面上最大圆和最小圆的投影,图中点画线圆是母线圆圆心轨迹的投影。主视图中两小圆表示最左、最右处于正平面位置的素线圆的投影,上下两条公切线,表示圆环面上最高、最低两个水平圆的投影,它们是环面对 V 面的转向轮廓线。

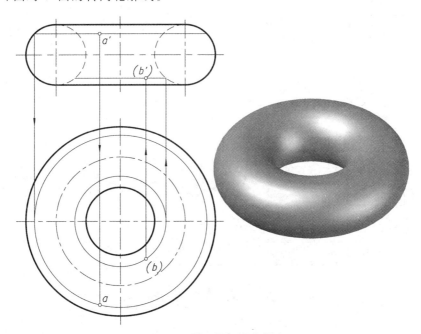

图 3.8　圆环及环面上的点

（2）圆环表面取点:因圆环是回转面,环面上取点的作图,应采用辅助纬圆法。

如图 3.8 所示,已知环面上一点 A 的正面投影 a' 和 B 点的水平投影 (b),求该两点的其他投影。

根据 a'、b 两点的位置和可见性,可以断定 A 点在上半环面的前半部的外环面上,因此,点 A 的水平投影可见;B 点在前半环面的下半部的内环面上,因此,点 B 的正面投影不可见。采用辅助纬圆作图,即过 a' 作一水平纬圆,其正面投影是垂直于轴线的一条直线,水平投影为一实形圆,因点属于此圆,故点 A 的投影一定在纬圆的同面投影上;同理,过 (b) 作一水平纬圆,在纬圆的正面投影上求出 (b')。

3.3.5　基本立体的尺寸标注

立体的视图,只能反映其结构形状,立体的大小需要用尺寸来表示。

基本立体只有定形尺寸,其标注方法如表 3.1 所列。

从表中可以看出,对于回转体,由于采用了规定符号 ϕ、$S\phi$,因此可用一个视图表达立体。对于圆柱和圆锥,ϕ 一般标到非圆视图上。

表 3.1 基本立体尺寸标注

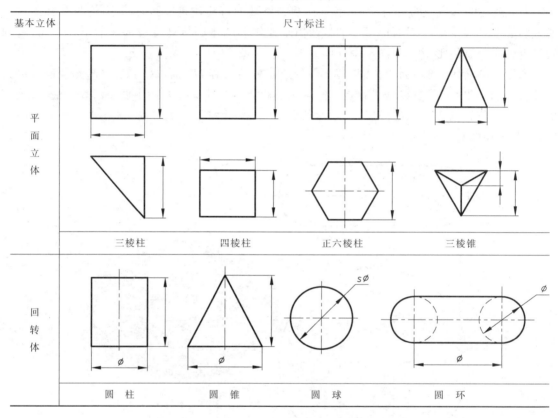

3.4 平面与立体相交

平面与立体相交,可看作用平面截切立体,平面称为截平面,截平面与立体表面所产生的交线称为截交线,截交线围成的平面图形称为截断面,被截切后的立体称为截断体,如图 3.9 所示。

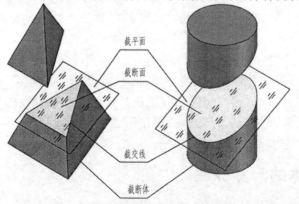

图 3.9 平面切割立体

从图中可以看出,截交线即在截平面上,又在立体表面上,它具有如下基本性质:
(1) 截交线上的每一点都是截平面和立体表面的共有点,这些共有点的连线就是截交线。
(2) 因截交线是属于截平面上的线,所以截交线一般是封闭的平面图形。

根据上述性质,截交线的基本画法可归结为求平面与立体表面共有点的作图问题。

3.4.1 平面与平面立体相交

平面立体被截平面切割后所得的截交线是由直线段组成的平面多边形,多边形的各边是立体表面与截平面的交线,而多边形的顶点是立体的棱线与截平面的交点,如图 3.10(a)所示。因此,作平面立体的截交线,就是求出截平面与平面立体上各被截棱线的交点,然后依次连接即得截交线。

[例 3.1] 求四棱锥被正垂面 P 切割后的截交线投影,如图 3.10 所示。

分析:由图 3.10(a)可知,因截平面 P 与四棱锥的四个棱面都相交,所以截交线为四边形。四边形的四个顶点,是四棱锥的四条棱线与截平面 P 的交点,由于截平面 P 是正垂面,故截交线的 V 面投影积聚为直线,可直接确定,由 V 面投影可求出 H 面和 W 面的投影。

作图步骤见(见图 3.10(b)):

(1) 直接求出 P 面与四棱锥四条棱线交点的 V 面投影 1′、2′、3′、4′。
(2) 根据直线上点的投影性质,在四棱锥各条棱线的 H、W 面投影上,求出交点的相应投影 1、2、3、4 和 1″、2″、3″、4″。
(3) 将各点的同面投影顺序连接,即得截交线的各投影。在图中由于去掉了被截平面切去的部分,这样,截交线的三个投影均可见。

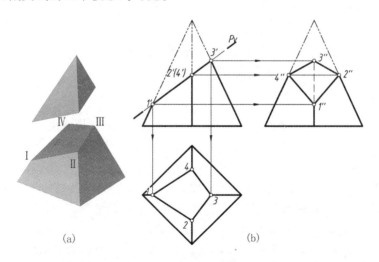

图 3.10 平面切割四棱锥

[例 3.2] 试求 P、Q 两平面切三棱锥 SABC 后,截交线的投影,如图 3.11 所示。

分析:由图 3.11(a)可知,正垂面 P 与三棱锥两棱面 SAB 和 SAC 的交线分别为 ⅠⅡ 和 ⅠⅢ。水平面 Q 与三棱锥两棱面 SAB 和 SAC 的交线分别为水平线 ⅡⅣ 和 ⅢⅣ,它们分别与三棱锥底面的边 AB 和 AC 平行,所以它们的方向为已知。P、Q 两平面相交于直线 ⅡⅢ。

作图步骤(见图 3.11(b)):

(1) 先求出 P、Q 两平面与 SA 棱线交点 I、IV 的各投影 1、$1'$、$1''$、4、$4'$、$4''$,以及 P、Q 两平面交线的 V 面投影 $2'(3')$。

(2) Q 面与三棱锥两棱面 SAB、SAC 的交线为水平线,画出其 H 面投影 $42//ab$,$43//ac$,并由 V 面投影 $2'(3')$ 点引垂线,求出 II、III 两点的 H 面投影 2 和 3。

(3) 由 2、$2'$ 求出 $2''$,由 3、$3'$ 求出 $3''$。

(4) 顺序连接各点的同面投影,即得截交线的投影。

(5) 判别可见性:P、Q 两平面的交线的 H 面投影被上部锥面遮住,因此 2、3 为不可见,画成虚线;其他交线均可见,画成粗实线。

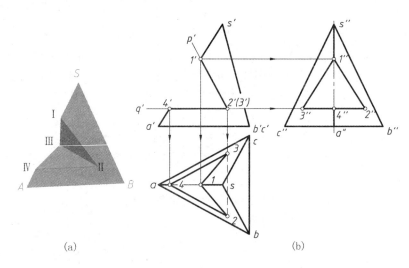

图 3.11 平面切割三棱锥

3.4.2 平面与回转体相交

平面与回转体上的回转面相交,交线一般是平面曲线,其形状取决于回转体的几何特性,以及回转体与截平面的相对位置。截交线上的任一点都可看作是回转面上的某一条线(直线或曲线)与截平面的交点。因此,在回转面上适当地作出一系列辅助线(素线或纬圆),并求出它们与截平面的交点,然后依次光滑连接即得截交线。交点分为特殊点和一般点。作图时应先作出特殊点,因为一般来说,特殊点能确定截交线的形状和范围,如最高、最低点,最前、最后点,最左、最右点等,这些点一般都在转向轮廓线上,是向某个投影面投影时可见性的分界点。为能较准确地作出截交线的投影,还应在特殊点之间作出一定数量的一般点。

1. 平面与圆柱相交

平面截切圆柱时,根据截平面与圆柱轴线所处的不同的相对位置,截交线有三种形式:当截平面平行于圆柱轴线时,它与圆柱面相交为两素线,与上、下底相交为两直线,故截交线是矩形;当截平面垂直于圆柱轴线时,截交线是直径与圆柱直径相同的圆;当截平面倾斜于圆柱轴线时,截交线是椭圆,它的短轴垂直于圆柱的轴线,其长度等于圆柱直径,长轴倾斜于圆柱轴线,其长度将随截平面对圆柱轴线的倾斜程度而变化,如表 3.2 所列。

第 3 章 立体及其表面交线

表 3.2 平面与圆柱相交

图 名	截平面与轴线平行	截平面与轴线垂直	截平面与轴线倾斜
立体图			
投影图			
	截交线为直线	截交线为圆	截交线为椭圆

[例 3.3] 求作圆柱与正垂面 P 的截交线,如图 3.12 所示。

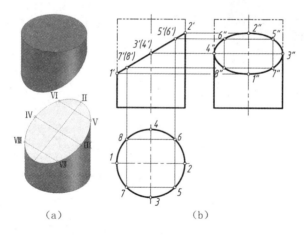

(a)   (b)

图 3.12 平面与圆柱相交

分析:正垂面 P 倾斜于圆柱轴线,截交线是一个椭圆,平面 P 垂直于 V 面,所以截交线的 V 面投影和 P 平面的 V 面投影重合,是一段直线。由于圆柱面的水平投影具有积聚性,所以截交线的水平投影与该圆重合,截交线的侧面投影仍是一个椭圆,需求一系列共有点作出。

作图步骤(见图 3.12(b)):

(1) 作特殊点:主视图上的 $1'$、$2'$、$3'$、$(4')$ 为特殊点,由此可作出它们的侧面投影 $1''$、$2''$、$3''$、$4''$,并且其中点 Ⅱ 是最高点,点 Ⅰ 是最低点,根据对圆柱截交线椭圆的长、短轴分析,还可以看出垂直于正面的Ⅲ、Ⅳ连线等于圆柱直径,因此是短轴;而与它垂直的Ⅰ、Ⅱ连线是椭圆的长轴,按照直角投影定理,这一对长、短轴的侧面投影 $1''2''$、$3''4''$ 仍应互相垂直,因此它们是截交线侧面投影椭圆的长、短轴。

(2) 作一般点:在主视图上取 5′、(6′)、7′、(8′) 点,其水平投影 5、6、7、8 在柱面积聚性的投影上,因此,可求出侧面投影 5″、6″、7″、8″。一般点多少可根据作图准确程度的要求而定。

(3) 依次光滑连接 1″、7″、3″、5″、2″、6″、4″、8″、1″,即得截交线的侧面投影。

[例 3.4] 求作定位轴切口的水平投影和侧面投影,如图 3.13(a)所示。

分析:切口由侧平面 P、正垂面 Q 和水平面 R 截切圆柱而成,各截平面的正面投影都具有积聚性,各条截交线的正面投影分别与 p′、q′、r′ 重合,要求作的是切口的水平投影和侧面投影。平面 R 与 P、Q 两平面的交线为两条正垂线,如图 3.13(a)所示。

作图步骤:

(1) 截平面 P 的作图:截平面 P 垂直于圆柱轴线,它和圆柱面的交线是一段圆弧,平面 P 和平面 R 的交线是一段正垂线 Ⅳ。根据正面投影,可作出它的侧面和水平投影,如图 3.13(b)所示。从图中可知,水平投影具有积聚性,侧面投影与圆柱的侧面投影重合。

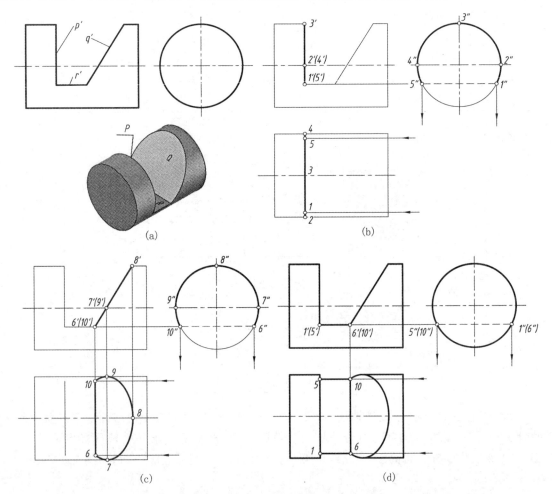

图 3.13 补全定位轴的水平投影和侧面投影

(2) 截平面 Q 的作图:截平面 Q 倾斜于圆柱轴线,它与圆柱面的截交线是一个部分椭圆,平面 Q 和平面 R 的交线是正垂线段 Ⅵ Ⅹ。根据部分椭圆的正面和侧面投影,可作出它的水投影,作图方法同例 3.3,如图 3.13(c)所示。根据投影分析,其侧面投影与圆柱面的侧面投影重合,水平投影可见。

(3) 截平面 R 的作图:平面 R 平行于圆柱轴线,它和圆柱面的截交线是两段素线 ⅠⅥ 和 ⅤⅩ,平面 R 和平面 P、Q 的交线是两条正垂线,它们组成了矩形,其水平投影和侧面投影如图 3.13(d)所示。根据投影分析,矩形的水平投影可见,侧面投影不可见,画成虚线。

擦去水平投影上被切去的两段轮廓线,即完成切口的投影。

2. 平面与圆锥相交

当截平面与圆锥处于不同的相对位置时,圆锥面上可以产生形状不同的截交线,如表 3.3 所列。

表 3.3 平面与圆锥相交

图 名	截平面垂直于轴线	截平面倾斜于轴线 $\theta > \alpha$	截平面倾斜于轴线 $\theta = \alpha$	截平面平行或倾斜于轴线 $\theta = 0°$ 或 $\theta < \alpha$	截平面过锥顶
立体图	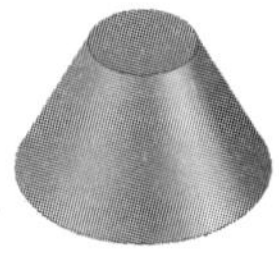	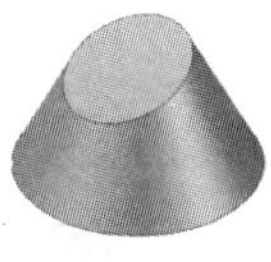	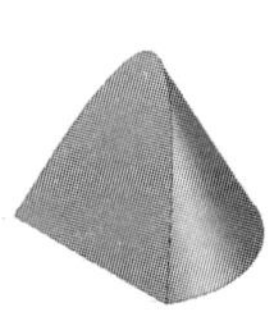	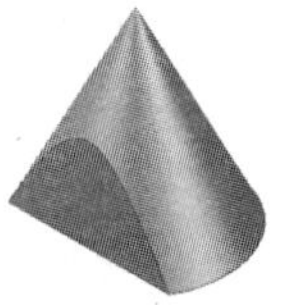	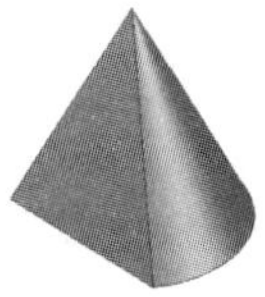
投影图	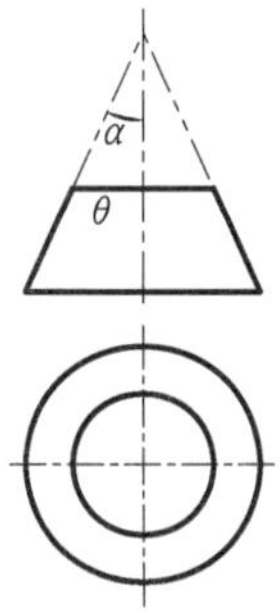	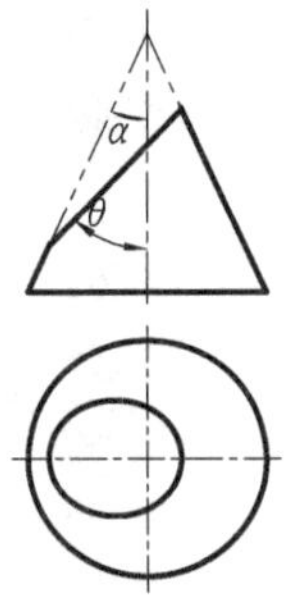	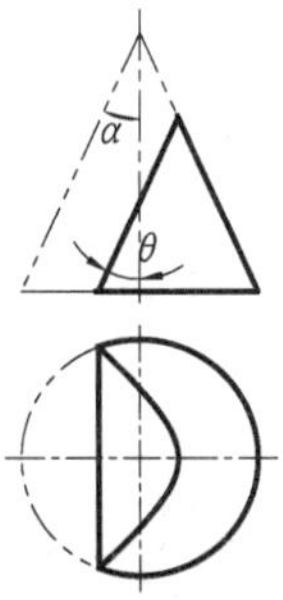	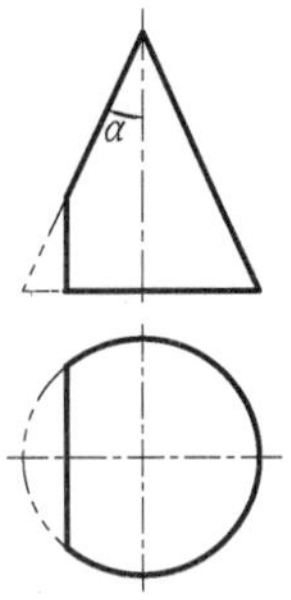	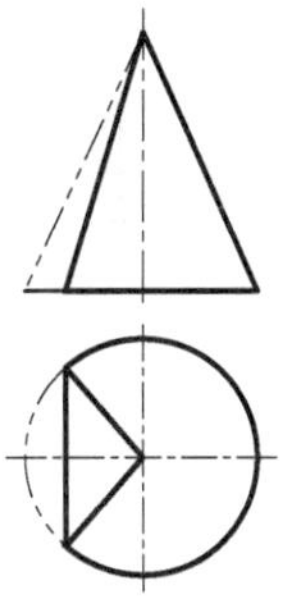
	截交线为圆	截交线为椭圆	截交线为抛物线	截交线为双曲线	截交线为两素线

[例 3.5] 求正垂面和圆锥的截交线,如图 3.14 所示。

分析:根据截平面与圆锥的相对位置关系,可知截交线为椭圆。由于截平面为正垂面,所以截交线的正面投影与 P 的正面投影重合,为一直线,而其 H 面投影和 W 面投影均为椭圆。

作图步骤:

(1) 作特殊点:求转向轮廓线上的点 A、B、E、F。先在主视图上确定其投影 a'、b'、e'、f',然后求出它们的 H、W 面投影 a、b、e、f 和 a''、b''、e''、f''。其中 A、B 点是最左、最右点,又是空间椭圆长轴的端点,如图 3.14(b)所示。

(2) 求椭圆短轴 CD 的投影:其 V 面投影 c'、d' 重合于 $a'b'$ 的中点。为求出 C、D 在 H 面投影,过 $c'(d')$ 作纬圆,画出纬圆的 H 面投影,则 c、d 位于该圆周上。由 c、d、c'、d' 可求出 c''、d''。点 C、D 也是截交线的最前、最后点。

(3) 作一般点:为了较准确地作出截交线的水平和侧面投影,在已作出的截交线上特殊点

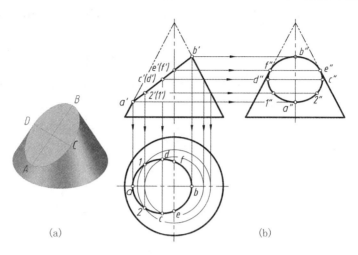

图 3.14 正垂面截圆锥

的稀疏处作一般点Ⅰ、Ⅱ。在主视图上取 $1'$、$2'$，过 $1'$、$2'$ 作纬圆求出水平投影 1、2，从而可得侧面投影 $1''$、$2''$。

（4）将作出的 a、2、c、e、b、f、d、1 依次连接起来即为截交线椭圆的水平投影，将 a''、$2''$、c''、e''、b''、f''、d''、$1''$ 连接起来即为截交线的侧面投影。

在左视图上，椭圆与圆锥的侧面转向轮廓线切于 e''、f'' 点。圆锥的侧面转向轮廓线在 E、F 上端被切去不再画出。

[例 3.6] 求作六角螺母头部交线的投影，如图 3.15 所示。

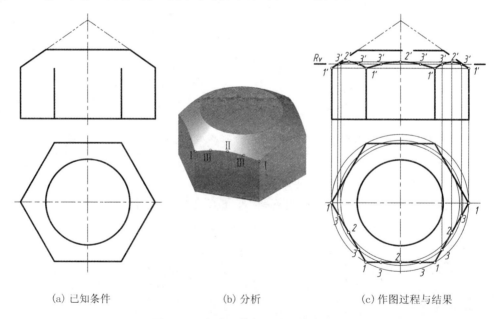

(a) 已知条件　　(b) 分析　　(c) 作图过程与结果

图 3.15　完成六角螺母外形的主视图

分析：六角螺母头部是由共轴线的正六棱柱和圆台相交所构成（图中，圆台的下底圆周已被六棱柱棱面切去，故未画出）。根据正六棱柱各棱面与圆锥面的相对位置，可知它们的截交线都是形状相同的双曲线。所以六角螺母头部交线是由六段双曲线所组成的，它的水平投影重合在六棱柱各棱面的投影上,因此要求作的是交线的正面投影。

作图步骤:

(1) 作特殊点:六棱柱的各棱线在俯视图上都积聚成一点。因此,过俯视图上这些点在圆锥面上作一辅助纬圆,则在主视图上这个纬圆与各棱线投影的交点,一定是双曲线上的点。由于圆锥面上在六棱柱的范围内能作出的纬圆以这个纬圆为最大,而锥面上纬圆越大则位置越低,因此Ⅰ点也是各双曲线的最低点。

在俯视图上作另一辅助纬圆与各棱面的水平投影相切,则这个纬圆一定是圆锥面上能与六棱柱相交的最小(也是最高的)纬圆,故切点Ⅱ一定是各双曲线的最高点。根据过点2纬圆的水平投影,可求出纬圆的正面投影,在正面投影上不难作出各点2′。

(2) 作一般点:在点Ⅰ和点Ⅱ之间适当位置作辅助纬圆,这个纬圆在俯视图上与各棱面相交,即可求得一些一般点Ⅲ,最后将求得的各点依次连接,即可作出六角螺母头部交线的正面投影。

3. 平面与圆球相交

平面与球相交,截交线是圆。根据截平面对投影面的相对位置不同,这些圆的投影可以是直线段、圆或椭圆。当截平面平行于投影面时,截交线在该投影面上的投影反映实形为圆;当截平面倾斜于投影面时,截交线的投影为椭圆。

[**例 3.7**] 求圆球与正垂面 P 的截交线,如图 3.16 所示。

分析:正垂面 P 与圆球的截交线为圆,其 V 面投影积聚为直线,且与平面 P 的 V 面投影重合,H 面投影和 W 面投影均为椭圆。

作图步骤:

(1) 求特殊点:截交线圆的 V 面投影积聚为直线 $1'2'$,由点 $1'$ 和 $2'$ 可直接求出其 H、W 面投影 1、2 和 $1''$、$2''$,它们是 H、W 面投影椭圆短轴的端点。在主视图上,取 $1'2'$ 的中点,就是截交线圆上处于正垂线位置的直径Ⅲ Ⅳ的投影 $3'(4')$,通过 $3'(4')$ 作水平纬圆,在纬圆的水平投影上求出 3、4,即为截交线圆水平投影椭圆长轴的端点。由 3、$3'$ 和 4、$4'$ 可求出 $3''$、$4''$ 即为截交线圆侧面投影椭圆长轴的端点。Ⅰ、Ⅱ是截交线的最左、最右点,也是最低、最高点;点Ⅲ、Ⅳ是截交线的最前、最后点。另外,P 平面与球面水平投影的转向轮廓线相交于 $5'(6')$ 点,可直接求出其 H 面投影 5、6,并由此求出其 W 面投影 $5''$、$6''$。P 平面与球面侧面投影的转向轮廓线相交于 $7'(8')$ 点,可直接求出其 W 面投影 $7''$、$8''$,并据此求出其 H 面投影 7、8 两点。5、6 两点是 H 面投影上水平圆与椭圆的切点。$7''$、$8''$ 两点是 W 面投影上侧面大圆与椭圆的切点。

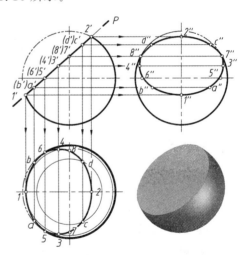

图 3.16 球与正垂面 P 的截交线

(2) 求一般点:在截交线的 V 面投影 $1'2'$ 上,选择适当位置定出 $a'(b')$ 和 $c'(d')$ 点,然后按球面上求点的方法,求出 a、b、c、d 和 a''、b''、c''、d''。

(3) 按顺序光滑连接各点的 H 面投影和 W 面投影,即可得到所求截交线的投影。由于截平面将球面切去了一部分,因此在 H 面投影中,球的转向轮廓圆只画 5、6 点的右边部分。

在 W 面投影中球的转向轮廓圆只画 7、8 点的下面部分。

[例 3.8] 求作半圆头螺钉头部起子槽的水平投影和侧面投影,如图 3.17(a)所示。

分析:起子槽由两个侧平面 P 和一个水平面 Q 组成。P 面与半球的截交线是平行于侧面的两段圆弧;Q 面与半球的截交线为前后两段水平圆弧。

作图步骤:

(1) 作起子槽两侧平面 P 与半球的截交线,其侧面投影反映截交线圆弧实形,半径为 $a'b'$,其水平投影积聚为直线。

(2) 作起子槽底面 Q 与半球的截交线,因为 Q 面是水平面,故水平投影反映两段圆弧的实形,半径为 $c'd'$,其侧面投影积聚为直线,不可见部分为虚线。侧面投影中,Q 面以上的转向轮廓线被切掉,故不画,如图 3.17(b)所示。

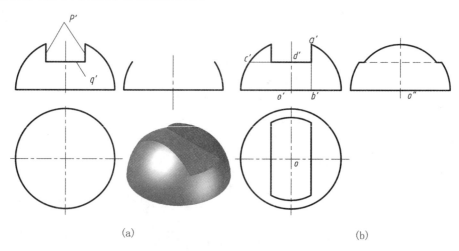

图 3.17 补全起子槽的水平及侧面投影

*4. 平面与组合回转体相交

由两个或两个以上回转体组合而成的立体称为组合回转体。

绘制组合回转体的截交线,首先必须弄清组合回转体由哪些基本回转体组成,再根据截平面与每个回转体的相对位置,分析截交线的组成及投影情况,充分利用积聚性投影,逐一画出截交线的投影。

[例 3.9] 求作顶尖头部的截交线,如图 3.18 所示。

分析:顶尖是轴线垂直于侧面的圆锥和圆柱组成的同轴回转体,顶尖的切口由水平面 P 和侧平面 Q 截切,P 平面与圆锥的截交线为双曲线,与圆柱的截交线为两条直线;Q 平面与圆柱的交线为一圆弧。平面 P、Q 彼此相交于直线段,如图 3.18(a)所示。

作图步骤:

(1) 求作 P 平面与顶尖的截交线:如图 3.18(b)所示,由于其正面投影和侧面投影有积聚性,只需求出水平投影。首先找出圆锥与圆柱的分界线,从正面投影可知分界点即为 $1'、2'$,侧面投影为 $1''、2''$,不难得出 1、2。分界点左边为双曲线(特殊点为 1、2、3,一般点为 4、5),右边为直线,可直接画出。

(2) 求作 Q 平面的截交线:Q 平面的正面投影和水平投影都积聚为直线,由于侧面投影是与圆周重合的一段圆弧,故可直接作出。

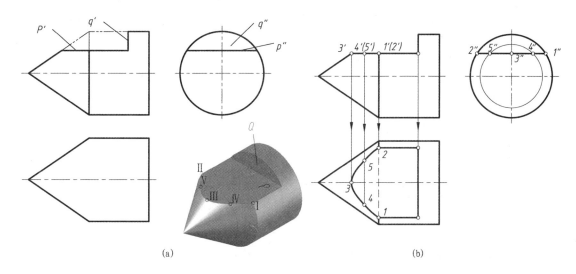

图 3.18 顶尖头部的截交线

3.5 两立体表面相交

两相交的立体称为相贯体,其表面交线称为相贯线。

两立体相交时,根据立体的几何性质,可分为:(1)两平面立体相交;(2)平面立体和曲面立体相交;(3)两曲面立体相交。这里仅讨论相交的两曲面立体均为回转体时,相贯线的性质和作图方法。

两回转体相交,其相贯线具有下列性质:

(1) 相贯线上每一点都是相交两曲面的共有点,这些共有点的连线就是相贯线。

(2) 相贯线一般是封闭的空间曲线,特殊情况下可以是平面曲线或直线段,如图 3.19 所示。

(a)相贯线为空间曲线　　(b)相贯线为平面曲线　　(c)相贯线为直线

图 3.19 相贯线的形式

根据上述性质可知,求相贯线就是求两回转体表面的共有点,将这些点光滑地连接起来,即得相贯线。

求相贯线常用的方法:

(1) 利用积聚性求相贯线。

(2) 用辅助平面法求相贯线。辅助平面法是求相贯线的基本方法,它是利用三面共点原理求出共有点的。

至于用哪种方法求相贯线,要看两相交立体的几何性质、相对位置及投影特点而定。不论哪种方法,均应按以下作图步骤求相贯线:

(1) 首先分析两回转体的形状、相对位置及相贯线的空间形状,然后分析相贯线的投影情况,有无积聚性可以利用。

(2) 作特殊点:特殊点一般是相贯线上处于极端位置的点,如最高、最低点、最前、最后点、最左、最右点,这些点通常是曲面转向轮廓线上的点。求出相贯线上的特殊点,便于确定相贯线的范围和变化趋势。

(3) 作一般点:为比较准确的作图,需要在特殊点之间插入若干个一般点。

(4) 判别可见性:相贯线上的点只有同时位于两个回转体的可见表面上时,其投影才是可见的。

(5) 光滑连接:只有相邻两素线上的点才能相连,连接要光滑,同时注意轮廓线要到位。

下面介绍求作相贯线的两种方法。

3.5.1 利用积聚性求相贯线

当两个圆柱正交且轴线分别垂直于投影面时,因为圆柱面在该投影面上的投影积聚为圆,所以相贯线的投影重合在圆上,这样可以在相贯线上取一些点,按已知圆柱面上点的一个投影,求其他投影的方法画出相贯线的投影。

[例 3.10] 求作轴线垂直相交两圆柱的相贯线,如图 3.20 所示。

分析:由于小圆柱与大圆柱的轴线正交,因此相贯线是前、后,左、右对称的一条封闭的空间曲线。

根据两圆柱轴线的位置,大圆柱面的侧面投影及小圆柱面的水平投影具有积聚性,因此相贯线的水平投影和小圆柱的水平投影重合是一个圆;相贯线的侧面投影和大圆柱的侧面投影重合是一段圆弧,所求的只是相贯线的正面投影。

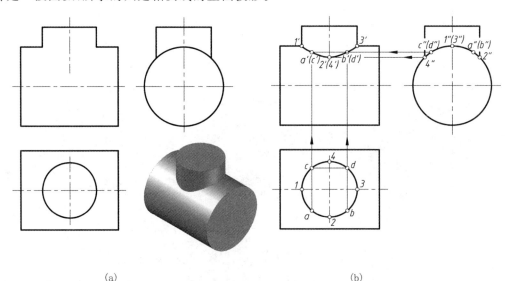

图 3.20 正交两圆柱相贯线的求法

作图步骤:

(1) 作特殊点:由于已知相贯线的水平投影和侧面投影,故可直接求出相贯线上的特殊点。由左视图和俯视图可以看出,相贯线的最高点为Ⅰ、Ⅲ,Ⅰ、Ⅲ还是最左、最右点;最低点为Ⅱ、Ⅳ,Ⅱ、Ⅳ还是最前、最后点。由侧面投影 1″、(3″),2″、4″可直接求出水平投影 1、3、2、4;再

求出正面投影 $1'$、$3'$、$2'$、$4'$。

(2) 求一般点：由于相贯线水平投影为已知，所以可直接对称取 a、b、c、d 四点，求出它们的侧面投影 a''、(b'')、c''、(d'')，再由水平、侧面投影求出正面投影 a'、(c')、b'、(d')。

(3) 判别可见性、光滑连接各点：相贯线前后对称，后半部与前半部重合，只画前半部相贯线投影即可，依次光滑连接 $1'$、a'、$2'$、b'、$3'$ 各点，即为所求。

由于圆柱面可以是圆柱体的外圆柱面，也可以是圆柱孔的内圆柱面。因此，在两圆柱体相交中，可以出现如图 3.21 所示的三种形式，但它们的相贯线形状和作图方法是相同的。

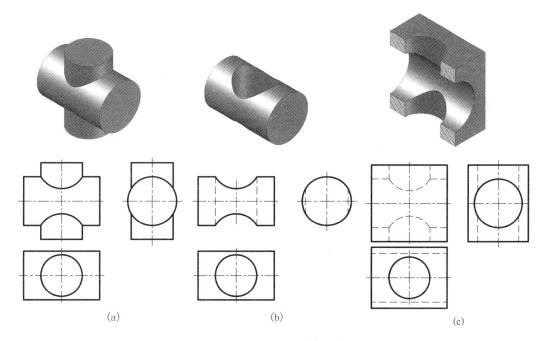

图 3.21 两圆柱相贯线的三种形式

[例 3.11] 求作轴线交叉垂直两圆柱的相贯线，如图 3.22 所示。

分析：两圆柱轴线垂直交叉，其相贯线为封闭的空间曲线。由于两圆柱轴线分别垂直于水平投影面及侧面投影面，因此，相贯线的水平投影与小圆柱的水平投影重合为圆，相贯线的侧面投影与大圆柱面的侧面投影重合为一段圆弧，故只需求出相贯线的正面投影。

作图步骤：

(1) 求特殊点：正面投影最前点 $1'$ 和最后点 $(6')$、最左点 $2'$ 和最右点 $3'$ 可根据侧面投影 $1''$、$6''$、$2''$、$(3'')$ 求出。正面投影的最高点 $(4')$ 和 $(5')$ 可根据水平投影 4、5 和侧面投影 $4''$、$(5'')$ 求出。

(2) 求一般点：在相贯线的水平和侧面投影上定出 7、8 和 $7''$、$(8'')$，再按点的投影规律求出正面投影 $7'$、$8'$。

(3) 判别可见性、光滑连接：根据可见性的判断原则，$2'$ 和 $3'$ 是可见与不可见的分界点。将 $2'$、$7'$、$1'$、$8'$、$3'$ 连成实线，$3'$、$(5')$、$(6')$、$(4')$、$2'$ 连成虚线即为相贯线的投影。

(4) 画全轮廓线：大圆柱正面投影的转向轮廓线画至 $(4')$、$(5')$；小圆柱的转向轮廓线画至 $2'$、$3'$。小圆柱轮廓线可见，大圆柱轮廓线不可见。

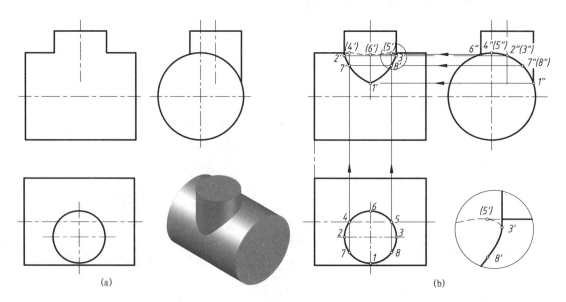

图 3.22 轴线交叉垂直的两圆柱的相贯线

3.5.2 用辅助平面法求相贯线

辅助平面法就是利用辅助平面同时截切相贯的两回转体,在两回转体表面得到两条截交线,这两条截交线的交点即相贯线上的点。这些点既在两立体表面上,又在辅助平面内。因此,辅助平面法就是利用三面共点的原理,用若干个辅助平面求出相贯线上一系列的共有点。

为了作图简便,选择辅助平面的原则是:

(1) 所选择的辅助平面与两回转体表面的交线投影最简单,如直线、圆。通常选用特殊位置平面作为辅助面。

(2) 辅助平面应位于两曲面立体相交的区域内,否则得不到共有点。

用辅助平面法求相贯线的作图步骤:

(1) 选择恰当的辅助面;

(2) 求作辅助平面与回转体表面的交线;

(3) 求出交线的交点,即为相贯线上的点。

[例 3.12] 求作圆柱与圆锥正交的相贯线,如图 3.23 所示。

分析:圆柱与圆锥轴线正交,其相贯线为封闭的空间曲线,前后、左右对称。由于圆柱的轴线为侧垂线,因此,相贯线的侧面投影与圆柱面的侧面投影重合为一段圆弧,需求出相贯线的正面投影和水平投影。

根据已知条件,应选择水平面作为辅助平面。

作图步骤:

(1) 作特殊点:先在圆柱的积聚性投影上定出相贯线的最前、最后点(也是最低点)3″、4″和最高点 1″、(2″),求出正面投影 3′、(4′)、1′、2′。显然 1′、2′ 也是最左、最右点,然后求出其水平投影 1、2、3、4。

(2) 作一般点:在适当位置选用水平面 P 作为辅助平面,圆锥截交线的水平投影为圆,圆柱截交线的水平投影为两条平行线,其交点 Ⅴ、Ⅵ、Ⅶ、Ⅷ 即相贯线上的点,再根据水平投影 5、

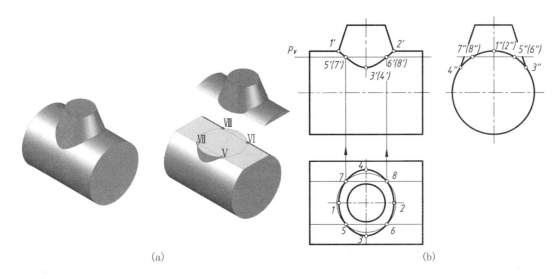

图 3.23 圆柱与圆锥正交的相贯线

6、7、8 求出正面投影 $5'$、$6'$、$7'$、$8'$ 各点。

(3) 判别可见性、光滑连接各点：俯视图中相贯线同时位于两曲面的可见部位，故投影可见，主视图中相贯线前后对称，只画出可见的前半部分投影。

[例 3.13] 求圆柱与半球相贯线的投影，如图 3.24 所示。

分析：圆柱与半球相交，相贯线为封闭的空间曲线。由于圆柱轴线是侧垂线，圆柱面侧面投影积聚为圆，相贯线的侧面投影与该圆重合。根据已知条件，选用正平、侧平或水平面为辅助面均可。这里用辅助水平面，其与圆柱截交线为两平行素线，与球相交得一水平圆，两素线与水平圆的交点即为相贯线上的点。作图过程如图 3.24 所示，不再赘述。

*[例 3.14] 求圆锥台与半球的相贯线，如图 3.25 所示。

分析：圆锥台轴线为铅垂线且位于球体左边的对称中心线上，所以相贯线为前后对称、左右不对称的封闭空间曲线。由于圆锥面和球面的三面投影均无积聚性，故相贯线的三面投影均需求出。求作它们的相贯线必须用辅助平面法。

为了使辅助平面与圆锥台和球的交线都成为直线或平行于投影面的圆，对圆锥台而言，辅助平面应通过锥顶或垂直于圆锥台的轴线；对球而言，辅助平面可选用投影面的平行面。为此，辅助平面除了可选过圆锥顶的正平面和侧平面外，应选用水平面，如图 3.25 所示。

作图步骤：

(1) 作特殊点：过锥顶作辅助正平面 T_H，它与圆锥交于两正面投影转向轮廓线，与半球也交于正面投影转向轮廓线，两交线相交于 $1'$、$4'$，由此可求出 1、$1''$ 和 4、$4''$；再过锥顶作辅助侧平面 R_V，它与圆锥交于两侧面投影转向轮廓线，与半球交于一侧平半圆，两交线相交于 $3''$、$5''$，由此求出 $3'$、3 和 $5'$、5。

(2) 作一般点：在特殊点之间适当位置作一辅助水平面 P_V，它与圆锥交于一水平圆，与半球也交于一水平圆，两者交于 2、6，由 2、6 可求出 $2'$、$2''$ 和 $6'$、$6''$。

(3) 判别可见性、光滑连接各点：因相贯体前后对称，故主视图上相贯线前后重合为可见；俯视图上由于相贯线位于两回转体的公共可见部分，因此也可见；在左视图中，两回转体的公共可见部分为圆锥的左面，因此，应以 $3''$、$5''$ 为界，$3''$、$2''$、$1''$、$6''$、$5''$ 连成实线，$3''$、$4''$、$5''$ 连成虚线。

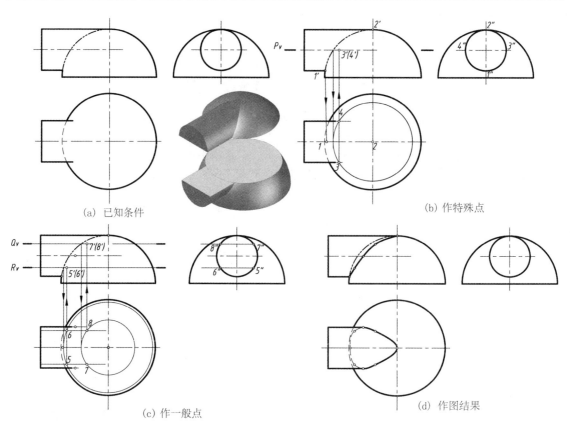

图 3.24　圆柱与半球相交的相贯线

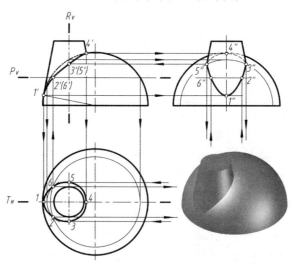

图 3.25　圆锥台与半球的相贯线

辅助平面法为基本的方法,用积聚性能求作的问题都能用此法求作。采用辅助平面法的关键是选取合适的截平面。如在例 3.14 中,若不是采用辅助水平面,而是采用辅助正平面或侧平面,它们与圆锥面的交线为双曲线,这样会使作图烦琐而复杂。

3.5.3 相贯线的特殊情况

两回转体相交,其相贯线一般为空间曲线,但在特殊情况下,也可能是平面曲线或是直线。

如图 3.26 所示,当两个回转体具有公共轴线时,相贯线为圆,该圆的正面投影为一直线段,水平投影为圆的实形。

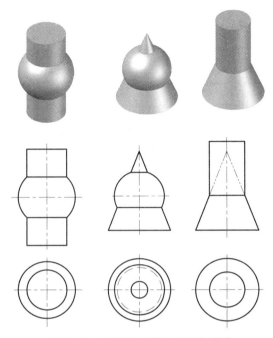

图 3.26 回转体同轴相交的相贯线

如图 3.27 所示,当两圆柱轴线平行或圆锥共锥顶相交时,相贯线为直线。

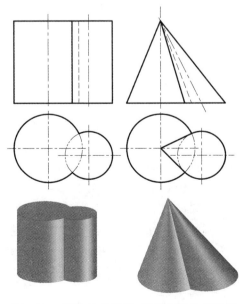

图 3.27 圆柱轴线平行、圆锥共顶的相贯线

如图 3.28 所示,当圆柱与圆柱、圆柱与圆锥轴线相交,并公切于一圆球时,相贯线为平面椭圆,该椭圆的正面投影为一直线段。

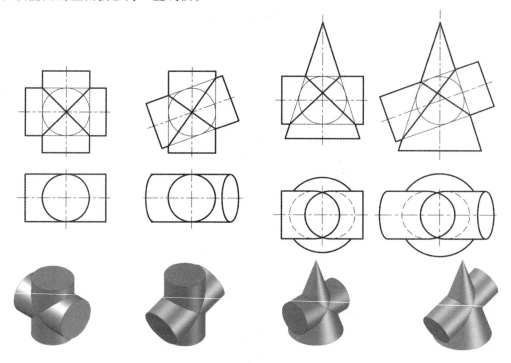

图 3.28　切于同一个球面的圆柱、圆锥的相贯线

画相贯线时,如遇到上述这些特殊情况,可直接画出相贯线。

3.5.4　圆柱、圆锥相贯线的变化规律

圆柱、圆锥相贯时,其相贯线空间形状和投影形状的变化,取决于其尺寸大小的变化和相对位置的变化。

1. 尺寸大小变化对相贯线形状的影响

(1) 两圆柱轴线正交:当其中一圆柱直径不变而另一圆柱直径变化时,相贯线的变化情况见表 3.4。由表可见,当 $d_1 < d_2$ 时,相贯线是左右两条封闭的空间曲线;当 d_1 增大到与 d_2 相等时,相贯线由空间曲线变为平面曲线,其正面投影是直线;当 d_1 继续增大至 $d_1 > d_2$ 时,相贯线为上下两条封闭的空间曲线。

作图时,还应注意相贯线投影的特点,如表中两圆柱相交,当相贯线为空间曲线时,每条相贯线的正面投影总是在大圆柱轴线的两侧,并向大圆柱的轴线方向弯曲。

(2) 圆柱与圆锥轴线正交:当圆锥的大小和它们的轴线的相对位置不变,而圆柱的直径变化时,相贯线的变化情况见表 3.5。由表可知,当圆柱穿过圆锥时,相贯线为左右两条封闭的空间曲线,如图(a)所示;当圆锥穿过圆柱时,相贯线为上下两条封闭的空间曲线,如图(b)所示;当圆柱与圆锥公切于球面时,相贯线为两个椭圆,如图(c)所示。

表 3.4 改变两圆柱直径相对大小时，相贯线的变化

图名	$d_1 < d_2$	$d_1 > d_2$	$d_1 = d_2$
立体图	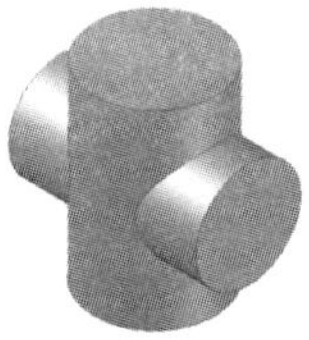	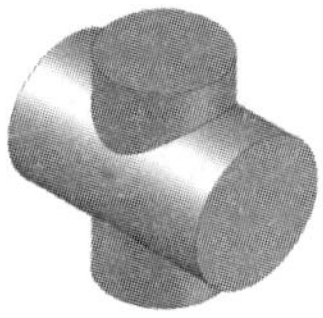	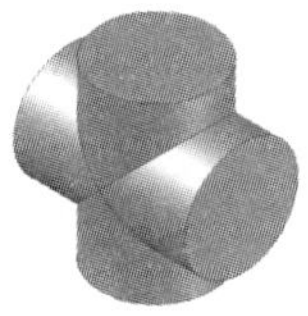
投影图	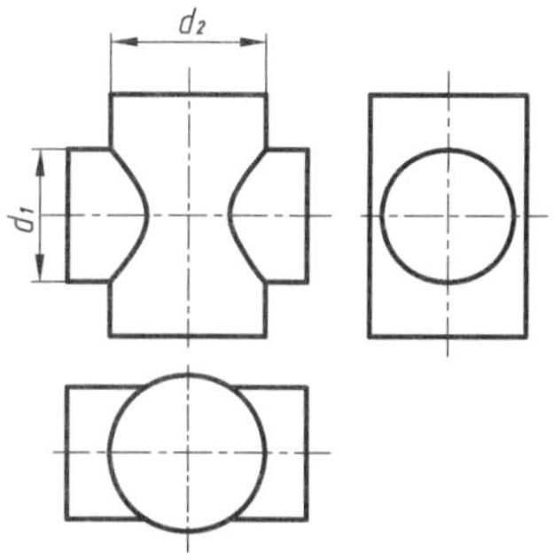	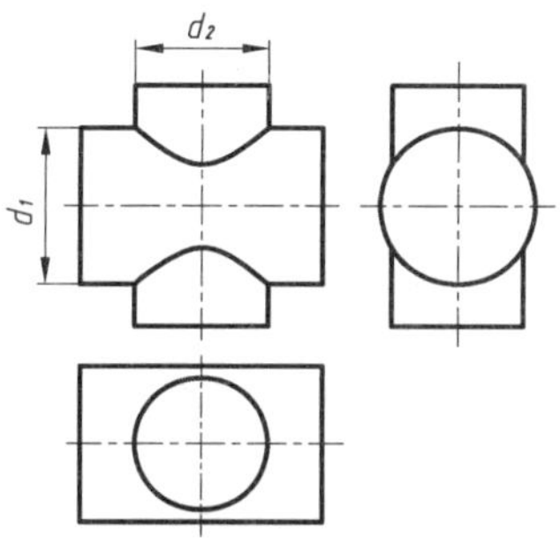	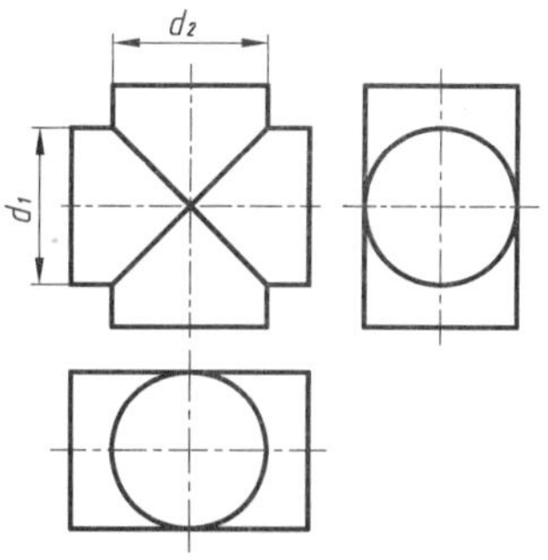

表 3.5 圆柱与圆锥相交相贯线的三种情况

图名	圆柱穿过圆锥	圆锥穿过圆柱	圆柱与圆锥公切于一球
立体图	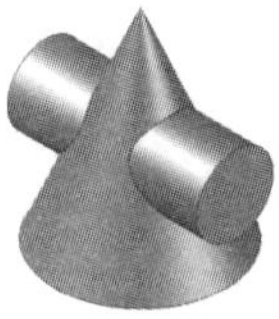	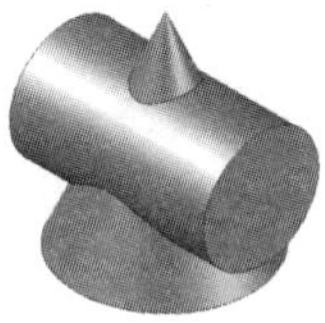	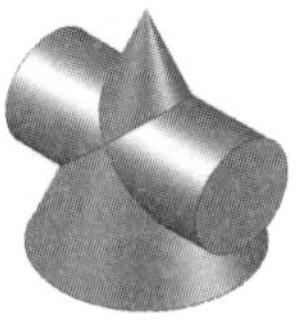
投影图	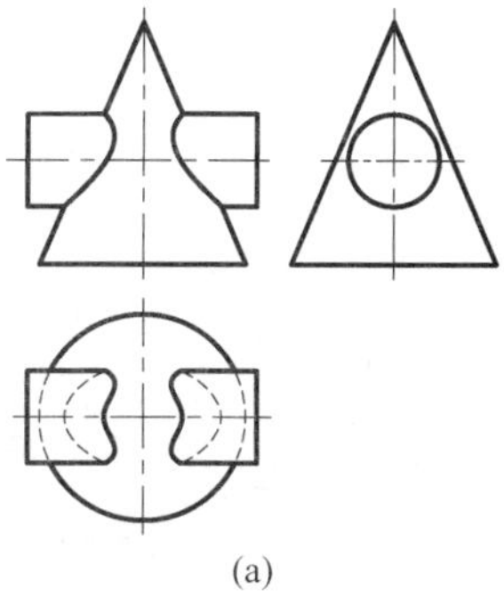 (a)	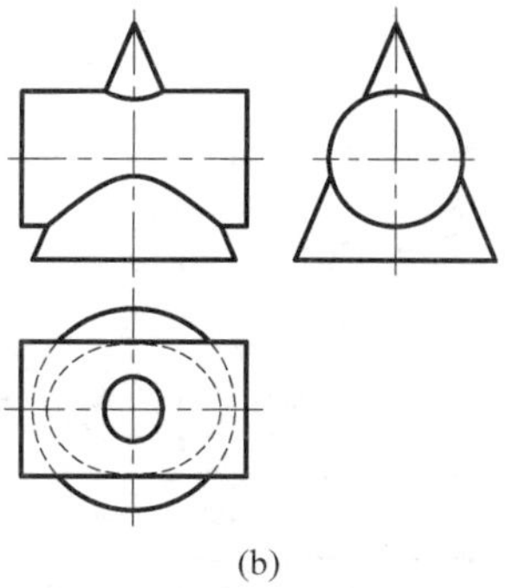 (b)	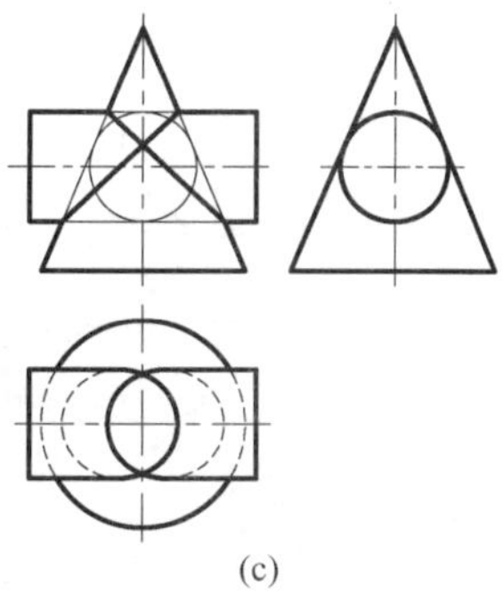 (c)

2. 相对位置变化对相贯线的影响

两相交圆柱直径不变，改变其轴线的相对位置，则相贯线也随之变化。

图 3.29 给出了两相贯圆柱，其轴线成交叉垂直，两圆柱轴线的距离不同时，相贯线的变化

情况。图(a)为直立圆柱贯穿水平圆柱,相贯线为上、下两条空间曲线。图(c)为直立圆柱与水平圆柱互贯的情况,相贯线为一条空间曲线。图(b)为上述两种情况的极限位置,相贯线由两条变为一条空间曲线,并相交于切点 a。

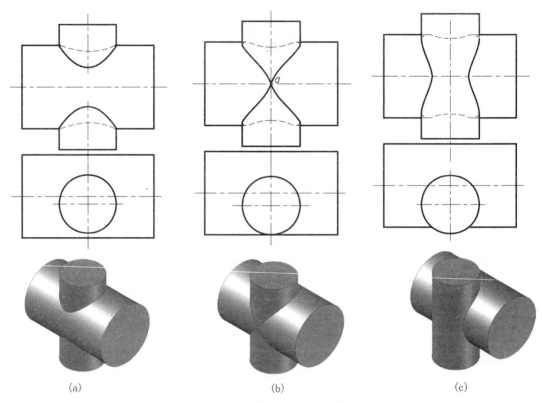

图 3.29 两圆柱轴线垂直交叉相贯线的变化

3.5.5 相贯线的近似画法

当两圆柱正交且直径相差较大时,其相贯线可以采用圆弧代替非圆曲线的近似画法。如图 3.30 所示,相贯线可用 $D/2$ 为半径作圆弧代替。

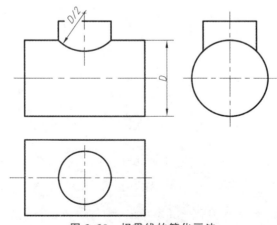

图 3.30 相贯线的简化画法

第 4 章 组合体的视图及尺寸标注

从几何角度看,机器零件大多可以看成是由简单的棱柱、棱锥、圆柱、圆锥、球和环等基本立体组合而成的。在本课程中,常把由基本形体按一定形式组合起来的物体统称为组合体。本章讨论组合体视图的绘制、阅读及尺寸标注等内容。

4.1 概　述

4.1.1 组合体的组成形式

组合体的组成形式有两种,即叠加式和挖切式。叠加式如同积木的堆积,挖切式包括切割和穿孔。组合体有三种类型,即叠加式、挖切式和综合式。综合式是由叠加和挖切两种方式形成的,如图 4.1 所示。

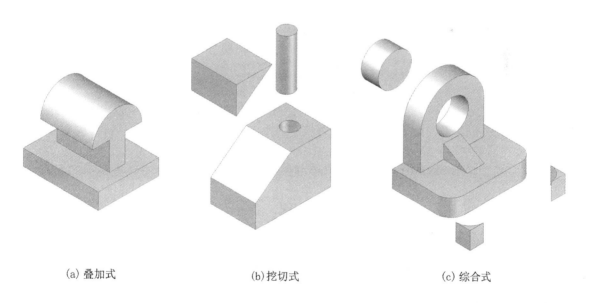

(a) 叠加式　　　　　　(b) 挖切式　　　　　　(c) 综合式

图 4.1　组合体的类型

在许多情况下,叠加式与挖切式并无严格的界线,同一物体既可以按叠加式进行分析,也可按挖切式去理解。如图 4.2(a)所示的组合体,可按叠加式(见图 4.2(b))理解,也可按挖切式(见图 4.2(c))理解,一般应根据具体情况从便于作图和易于分析的角度去理解。

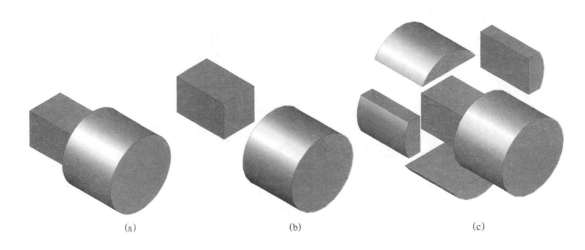

图 4.2 叠加式也可按挖切式理解

4.1.2 形体之间的表面连接关系

由基本立体组成组合体时,立体上原来某些表面将由于互相结合融为一体而不复存在,有些则将连成一个平面,有些表面将被挖切掉,有些表面将发生相交或相切等各种情况,因此在画组合体的视图时,必须注意其组合形式和各组成部分表面间的连接关系,在绘图时才能正确表达。在读图时,也必须注意这些关系,才能清楚整体结构形状。常见表面之间的连接关系有下列几种。

(1) 当两基本立体叠加且两个表面相错时,在图中间应该有线隔开。

如图 4.3 所示的机座,它是由带半圆槽的长方体和带凹槽的底板叠加而成,其分界处在画图时应有线隔开成两个线框,如图 4.3(a)所示。若中间漏线,如图 4.3(b)所示,就成为一个连续表面了,是错误的。

(2) 当两基本立体叠加且表面平齐时,中间不应有线隔开。

因为两个立体的表面是平齐的,构成一个完整的平面不存在分界线,如图 4.4(a)所示。图 4.4(b)中多画了图线,是错误的。

(3) 当两基本立体叠加且表面彼此相交时,表面交线是它们的分界线,图上必须画出,如图 4.5 所示。

(4) 当基本立体叠加且表面相切时,在相切处两表面是光滑过渡的,故该处不应画出分界线,如图 4.6 所示。

注意:当与曲面相切的平面或两曲面的公切面垂直于投影面时,在该投影面上的投影应画出相切处的投影轮廓线,否则不应画出公切面的投影,如图 4.7 所示。

(5) 当基本立体被平面或曲面切割后,会产生不同形状的交线。

如图 4.8(a)所示,在半球上开了一个垂直于正面的通槽,在俯视图、左视图上应画出槽口的投影。

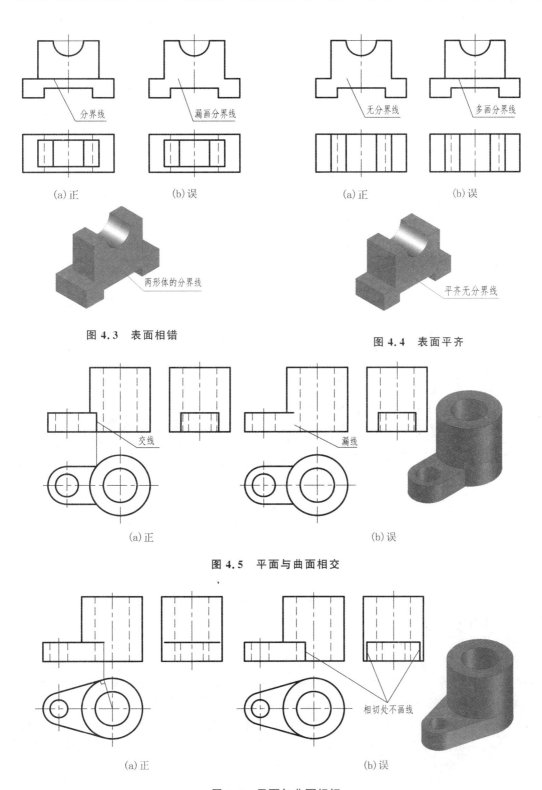

图 4.3 表面相错

图 4.4 表面平齐

图 4.5 平面与曲面相交

图 4.6 平面与曲面相切

如图 4.8(b)所示为在半圆柱上穿一个长方形孔,形成孔口交线,方孔的棱线在主视图和左视图中不可见,画成虚线。

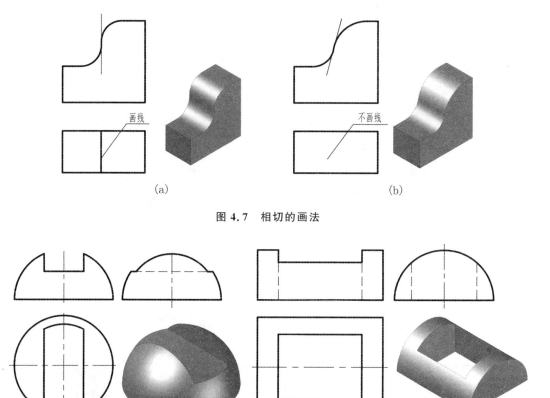

图 4.7 相切的画法

图 4.8 挖切与穿孔

4.1.3 形体分析法

形体分析法就是把复杂的立体分解成若干个简单立体,弄清楚各部分的形状、相对位置、组合形式以及表面连接关系。利用形体分析法,可以把复杂的立体转换为简单的立体,便于我们深入分析和理解复杂立体的本质。在画图和读图,以及标注尺寸时,运用形体分析法,可以提高画图速度,保证绘图质量。

如图 4.9(a)所示的支座,可理解成是由图 4.9(b)所示的简单立体所组成的。这些简单立体是直立圆柱,水平圆柱,左、右上耳板,左、右下耳板和圆底板。各简单立体之间都是叠加组合。直立圆柱与水平圆柱是垂直相交关系,所以两圆柱内、外表面都有相贯线;上耳板的侧面与直立圆柱外表面是相切关系;下耳板与直立圆柱外表面有三条交线。支座的三视图如图 4.9(c)所示,在主视图和左视图上,相切表面的相切处不画切线,而相交表面的相交处应画出交线。

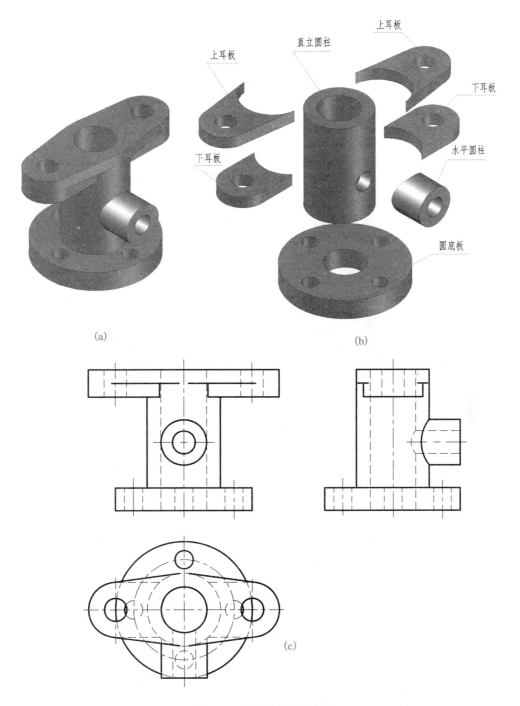

图 4.9 支座的形体分析

4.2 组合体三视图的画法

4.2.1 画组合体视图的方法和步骤

画组合体的三视图,应按一定的方法和步骤进行,以图 4.10(a)所示的轴承座为例说明如下:

(1)形体分析:画三视图以前,应对组合体进行形体分析,并对该组合体的形体特点有个总的概念,为画三视图做好准备。如图 4.10(b)所示,轴承座是由轴承 1,支撑板 2,肋板 3 以及底板 4 组成的。支撑板的左、右侧面都与轴承的外圆柱面相切,肋板与轴承的外圆柱面相交,其交线由圆弧和直线组成;底板的顶面与支撑板、肋板的底面互相叠合。

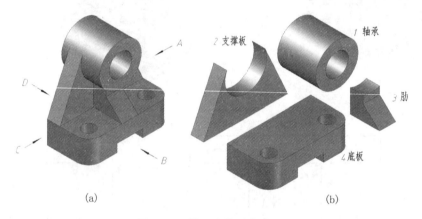

图 4.10 轴承座的形体分析

(2)选择主视图:主视图一般应能较明显反映出组合体的形体特征,即能较多地反映组合体形状特征及各形体间的相对位置,并尽可能使物体上主要面平行于投影面,以便使投影能得到实形,同时考虑组合体的自然安放位置,还要兼顾其他两个视图表达的清晰性。如图 4.10(a)所示,将轴承座按自然位置安放后,对由箭头所示的 A、B、C、D 四个方向投影所得的视图进行比较,确定主视图。

如图 4.11 所示,若以 D 向作为主视图,虚线较多,显然没有 B 向清楚;C 向与 A 向视图虽然虚实线的情况相同,但如以 C 向作为主视图,则左视图会出现较多虚线,没有 A 向好;再

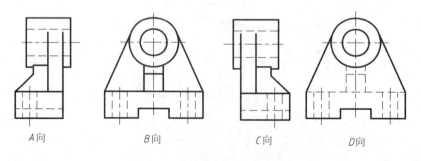

图 4.11 分析主视图的投影方向

比较 B 向与 A 向视图，B 向 A 向均能反映轴承座各部分的形体特征，现以 B 向作为主视图的投影方向。

主视图确定以后，俯视图和左视图的投影方向也就确定了。

（3）确定比例，选定图幅：视图确定后，便要根据实物大小，按国家标准规定选择适当的比例和图幅。在一般情况下，尽可能选择 1：1，图幅则要根据所绘制视图的面积大小以及留足标注尺寸和画标题栏的位置而定。

（4）布置视图位置：布置图面时，应根据各视图中每个方向的最大尺寸和视图间有足够的地方标全所需尺寸，以确定每个视图的位置，使各视图匀称地布置在图纸上。

（5）绘图步骤：轴承座的绘图步骤如表 4.1 所列。

为了迅速而正确地画出组合体的三视图，应注意：画图的先后顺序一般是从主视图入手，先画出主要部分，后画次要部分；先画圆弧，后画直线；先画实线，后画虚线。在逐个画简单立体图时，应同时画出三个视图，这样既能保证各视图之间的相对位置和投影关系，又能提高绘图速度。

表 4.1 轴承座的画图步骤

图例			
说明	画出各视图的作图基准线	画底板，从俯视图先画，凹槽则从主视图先画	
图例			
说明	画轴承时，从反映轴承形状特征的主视图先画	画支撑板，从反映其特征的主视图先画，画图时，应注意支撑板与轴承外圆柱面相切处的画法	

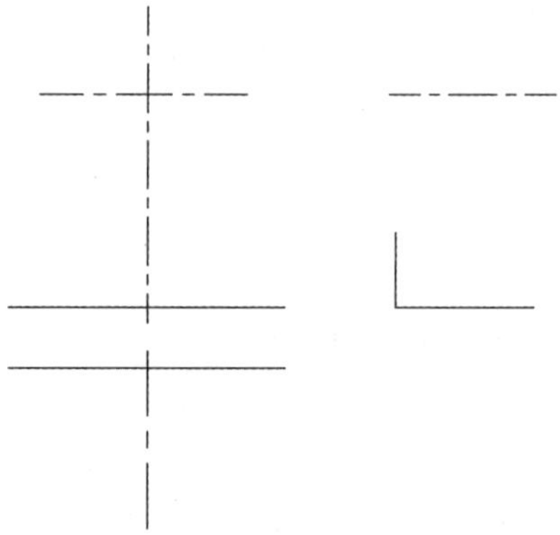

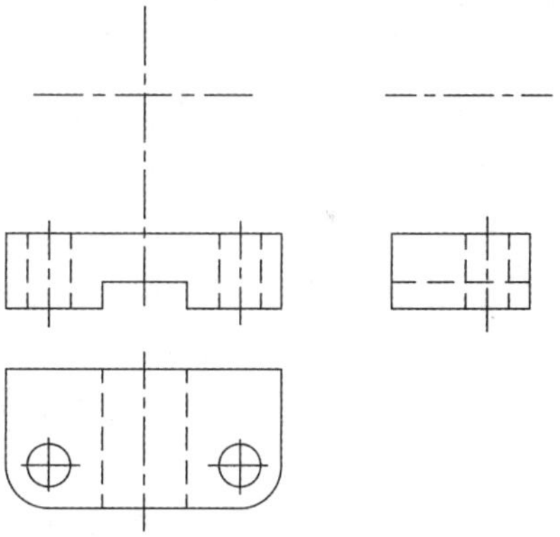

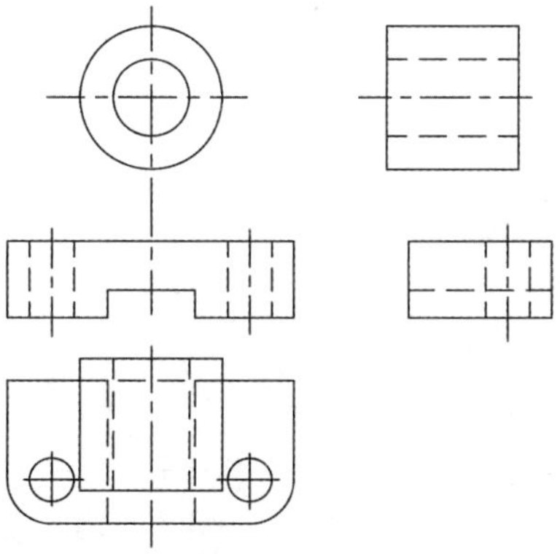

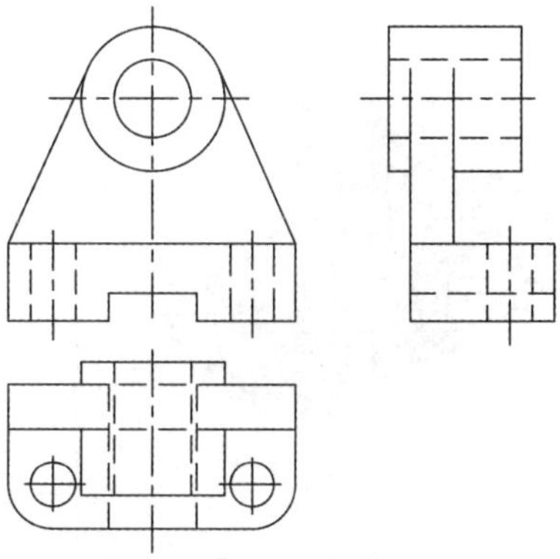

续表 4.1

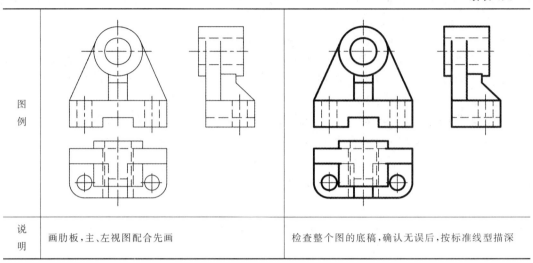

图例		
说明	画肋板，主、左视图配合先画	检查整个图的底稿，确认无误后，按标准线型描深

4.2.2 绘制组合体的草图

随着计算机绘图软件的广泛使用，大多数图形都可用计算机来绘制。为了快速而准确地完成图形的绘制，往往先绘制出物体的草图。

组合体草图的画法和前面介绍的画三视图的方法相同，只是草图是用简单的绘图工具，用较快的速度，徒手目测画出图形并标注上尺寸。

草图虽然是徒手绘制，但它是计算机绘制图形的原始资料，它必须完整、正确，它的线型虽不可能像用绘图仪器绘制的那样均匀规矩，但应努力做到明显、清晰、图形比例匀称、字体工整。

因是徒手凭目测比例来画草图，所以草图最好画在方格纸上，下面以支架为例说明画草图的步骤，如图 4.12 所示。

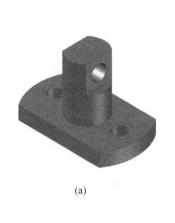

(a)

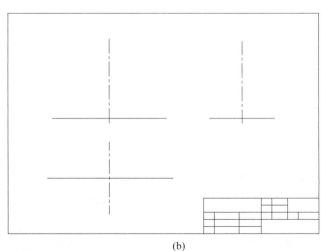

(b)

图 4.12 组合体草图

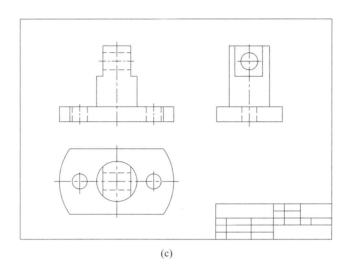

(c)

图 4.12 组合体草图(续)

(1) 选好主视图、选定比例、布置图面、画好基准线,如图 4.12(b)所示。
(2) 画出三视图,如图 4.12(c)所示。
(3) 画出尺寸线、尺寸界线和标注尺寸(略)。

4.3 组合体的尺寸标注

画出组合体的三视图,只表达了组合体的形状,而要表示它的大小,还需要在三视图上标注出尺寸。因此,标注尺寸是表达物体的重要手段,认真掌握好在组合体三视图上标注尺寸的方法,可为今后在零件图上标注尺寸打下良好的基础。

前面已介绍了尺寸标注的有关国家标准和平面图形、基本体的尺寸标注,本节将主要介绍组合体尺寸标注的基本要求和基本方法。

4.3.1 尺寸标注的基本要求

尺寸标注的基本要求如下:
(1) 尺寸数量要完整,即所标注的尺寸不多余、不遗漏、不重复。
(2) 尺寸标注符合国家标准的规定。
(3) 尺寸布置清晰、整齐。

4.3.2 尺寸基准的确定

标注尺寸的起点称为尺寸基准。

组合体有长、宽、高三个方向的尺寸,每一方向都要有基准,以便标注各形体间的相对位置。一般可选组合体的对称面、较大的平面及回转体的轴线等作为尺寸基准。在图 4.13(a)中选择底面作为高度方向的尺寸基准,立体的前后对称面及底板的右端面分别作为宽度和长度方向的尺寸基准。

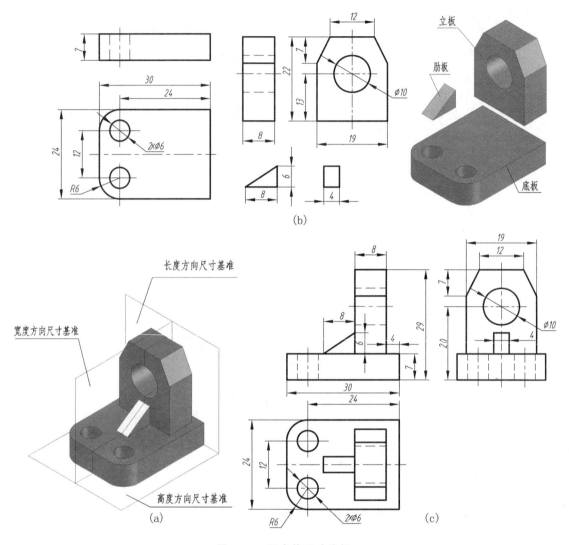

图 4.13 组合体尺寸分析

4.3.3 尺寸的种类

1. 定形尺寸

定形尺寸是指用来确定组合体各组成部分形体的形状和大小的尺寸。如图 4.13(b)中的 30、7、8、24、R6、19、12、7 等均为定形尺寸。在标注定形尺寸时,应首先按形体分析法,将组合体分解成若干个简单立体,然后逐个注出各简单立体的定形尺寸。

注意:两个立体具有相同尺寸或两个以上有规律分布的相同结构只标注一个立体的定形尺寸;同一立体的相同结构,也只标注一次。

2. 定位尺寸

定位尺寸是指确定组合体各基本形体之间(包括孔、槽等)相对位置的尺寸,即每一基本形体在三个方向上相对于基准的距离,如图 4.13(c)中的 4、24、12、20 等。

两个形体间应该有三个方向的定位尺寸,如图 4.14(a)所示。有时由于在视图中已经确定了两个形体间某方向的相对位置,也可省略其定位尺寸,如图 4.14(b)所示。由于孔板与底板左右对称,仅需标注宽度和高度方向的定位尺寸,省略长度方向的定位尺寸。图 4.14(c)中的孔板与底板左右对称,背面靠齐,仅需确定孔的高度方向定位尺寸。

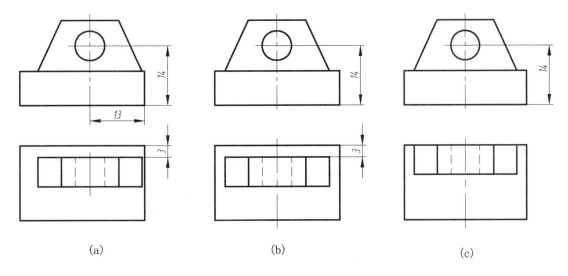

图 4.14 组合体定位尺寸

3. 总体尺寸

用来确定组合体的总长、总宽、总高的尺寸为总体尺寸。如图 4.13(c)中的 30、24 和 29 分别为总长、总宽和总高尺寸。当标注了总体尺寸后,为了避免产生多余尺寸,有时就要对已标注的定形尺寸和定位尺寸做适当的调整。如图 4.13(c)中主视图上的 29 为总高尺寸,省略了孔板高 22 的尺寸。

当组合体的端部不是平面而是回转面时,该方向一般不直接标注总体尺寸,而是由确定回转面轴线的定位尺寸和回转面的定形尺寸(半径或直径)来间接确定,如图 4.15(a)中的总高尺寸未直接注出。

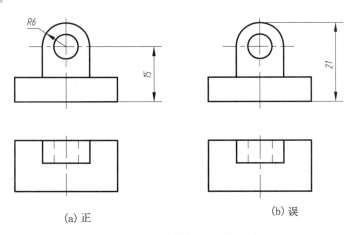

图 4.15 不直接标注总体尺寸

4.3.4 常见板状结构的尺寸标注

对于如图 4.16 所示的板状结构,除了标注定形尺寸外,确定孔、槽中心距的定位尺寸是必不可少的。由于板的基本形状和孔、槽的分布形式不同,其中心距定位尺寸的标注形式也不一样。如在类似长方形的板上按长、宽方向分布的孔、槽,其中心距定位尺寸按长、宽方向进行标注,在类似圆形板上按圆周分布的孔、槽,其中心距往往用标注定位圆直径的方法。必须特别指出的是,图4.16(d)中所示板的四个圆角,无论与小孔是否同心,整个形体的长度尺寸和宽度尺寸、圆角半径,以及确定 4 个小孔位置的尺寸都要注出,当圆角与小孔同心时,应注意上述尺寸间不要发生矛盾。

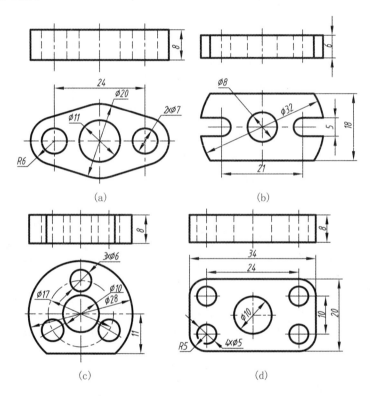

图 4.16 常见薄板的尺寸标注

4.3.5 尺寸布置的要求

尺寸布置要做到以下几点:
(1) 定形尺寸尽量标注在反映形体特征明显的视图上,如图 4.17 所示。
(2) 同一形体的定形尺寸和定位尺寸应尽量标注在同一视图上,如图 4.18 所示。
(3) 尺寸应尽量注在视图外部,以免尺寸线、尺寸界线与视图的轮廓线相交,与两图有关的尺寸最好注在两视图之间。
(4) 对于回转体,直径尽量标在非圆视图上,半径必须标在反映圆弧的视图上,如图 4.19 所示。

第 4 章 组合体的视图及尺寸标注

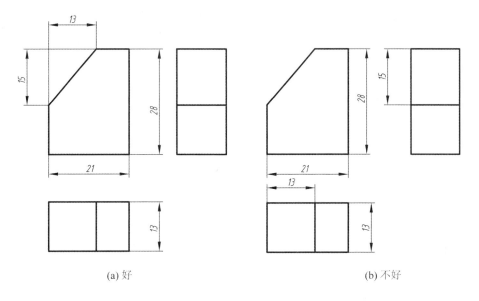

(a) 好　　　　　　　　　　　　(b) 不好

图 4.17　尺寸标注对比(一)

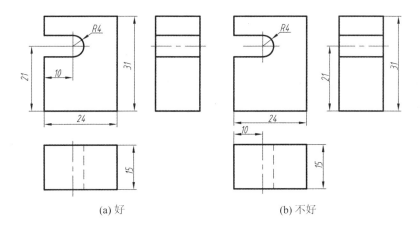

(a) 好　　　　　　　　　　　　(b) 不好

图 4.18　尺寸标注对比(二)

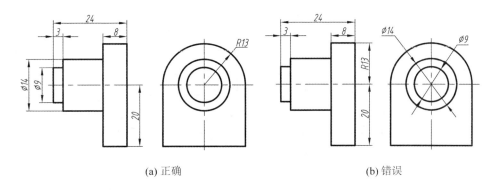

(a) 正确　　　　　　　　　　　(b) 错误

图 4.19　半径、直径的标注

(5) 尺寸排列要整齐，串列尺寸尽量在一条线上，并列尺寸里小外大，如图 4.20 所示。

(6) 对称结构的尺寸应以尺寸基准对称面为对称线直接注出，不应在尺寸基准两边分别注出，如图 4.21 所示。

(7) 交线上不标注尺寸。

① 具有截交线的组合体，对截交部分的尺寸注法，只需注出截平面的定位尺寸，而不应标注截交线的定形尺寸。

② 具有相贯线的组合体的尺寸注法，只需注出相贯的基本形体的定形尺寸和确定它们相互位置的定位尺寸，而不应注出相贯线的定形尺寸。

图 4.22 给出了几种表面有交线的组合体尺寸标注示例。

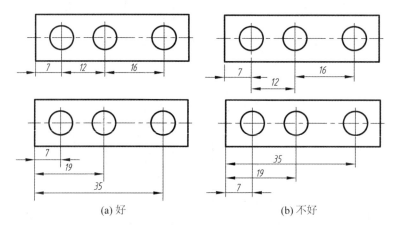

图 4.20　尺寸的排列

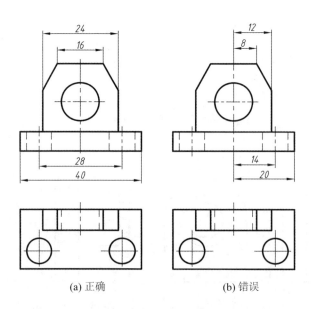

图 4.21　对称尺寸的标注

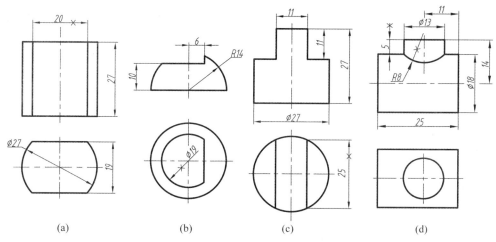

图 4.22 交线上不标注尺寸

4.3.6 标注尺寸举例

组合体标注尺寸的一般步骤：

(1) 形体分析；
(2) 选择基准；
(3) 标注定形尺寸；
(4) 标注定位尺寸；
(5) 标注总体尺寸。

表 4.2 给出了轴承座标注尺寸示例。

表 4.2 轴承座尺寸标注示例

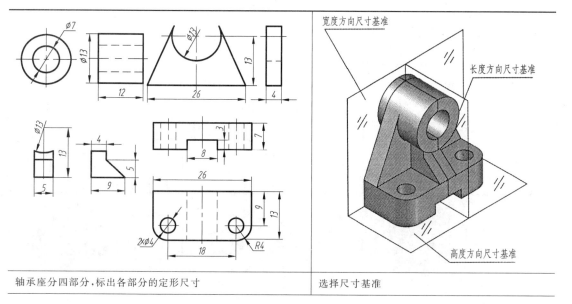

| 轴承座分四部分，标出各部分的定形尺寸 | 选择尺寸基准 |

续表 4.2

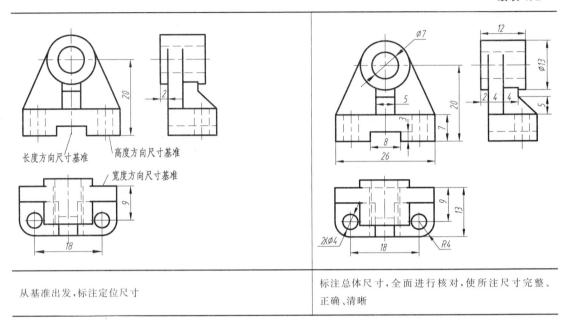

| 从基准出发,标注定位尺寸 | 标注总体尺寸,全面进行核对,使所注尺寸完整、正确、清晰 |

4.4 读组合体视图的方法

读图和画图是学习本课程的两个主要环节,画图是将空间物体按正投影方法表达在图纸上,是一种从空间立体到平面图形的表达过程。读图正好是这一过程的逆过程,它是根据平面图形想像出空间物体的结构形状。对于初学者来说,读图是比较困难的,但是只要我们综合运用所学的投影知识,掌握读图要领和方法,多读图,多想像,就能不断提高读图能力。

4.4.1 读图的基本要领

1. 将几个视图联系起来分析

一般情况下,仅由一个视图不能确定物体的形状,只有将两个以上的视图联系起来分析,才能弄清物体的形状。如图 4.23 所示的三组视图中,主视图都相同,其中(b)和(c)图的左视图也相同,但联系俯视图分析,则可确定是三个不同形状的物体。

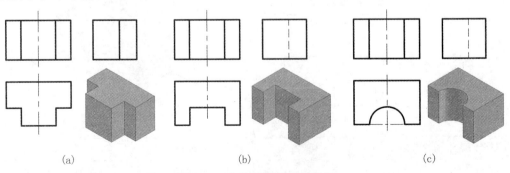

图 4.23 几个视图联系起来看

2. 明确视图中的线框和图线的含义

线框是指图上由图线围成的封闭图形,明确线框的含义,对读图是十分重要的。

(1) 一个封闭的线框,表示形体的一个表面(平面或曲面)。如图 4.24(a)所示主视图中的封闭线框表示形体的前表面(平面)的投影。当然该线框也表示该形体的后表面(平面)的投影,不过,从线框分析的角度来讲,一般指一个表面而言。

(2) 相邻的两个封闭线框,表示形体上位置不同的两个面。如图 4.24(a)所示的俯视图中的相邻两个线框,表示一高一低两个平面的投影,图 4.24(b)所示主视图的两个相邻线框,表示的两个平面为一前一后。

(3) 在一个大封闭线框内所包含的各个小线框,表示在大平面体(或曲面体)上凸出或凹下的各个小平面体(或曲面体)。如图 4.24(c)所示,俯视图中的大线框表示带有圆角的四棱柱,其中的两个小圆线框表示在四棱柱上有两个小圆孔,中间两个同心圆表示在四棱柱上凸起一个空心的圆柱。

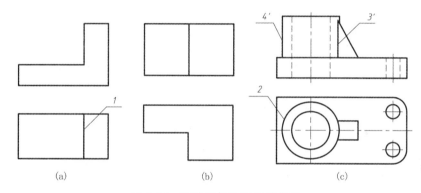

图 4.24 明确线框和图线的含义

视图中的图线,也有三种意义:

① 表示平面或曲面的积聚性投影,如图 4.24(a)所示的 1 和如图 4.24(c)所示的 2。
② 表示表面交线的投影,如图 4.24(c)所示的 3′表示筋板和圆柱面的交线。
③ 表示曲面的转向轮廓线,如图 4.24(c)所示的 4′表示圆柱面的转向轮廓线。

3. 抓特征视图进行分析

抓特征视图就是要抓住形体的"形状特征"视图和"位置特征"视图。

"形状特征"视图就是最能反映物体形状特征的视图。如图 4.25 所示为底板的三视图和立体图,从主视图、左视图除了能看出板厚外,其他形状反映不出来,而俯视图却能清楚地反映出板的形状,所以俯视图就是"形状特征"视图。

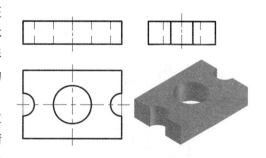

图 4.25 形状特征视图

"位置特征"视图,就是最能反映形体相互位置关系的视图。如图 4.26(a)所示为支板的主、俯视图,在这个图中,立体中 1、2 两块基本形体哪个是凸出的,哪个是凹进去的,是不能确定的,它即可表示图 4.26(b)所示的物体,也可表示图 4.26(c)所示的物体。如果像图 4.26(d)那样给出主、左两个视图,则形状和位置都表达得十分清楚,所以左视图就是"位置特征"视图。

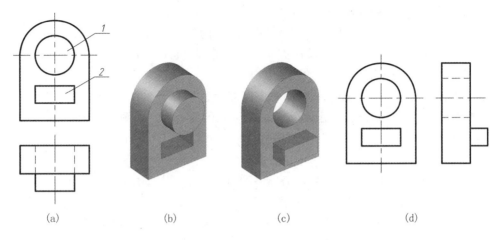

图 4.26 位置特征视图举例

可见,特征视图是关键的视图,读图时应找出形状特征视图和位置特征视图,再配合其他视图,就能较快地看清立体的形状了。

4.4.2 读图的基本方法

读图的基本方法分形体分析法和线面分析法两种。

1. 形体分析法

所谓形体分析法读图,即在读图时,可根据形体视图的特点,把表达形状特征明显的视图(一般为主视图),划分为若干封闭线框,用对投影的方法联系其他视图,想像出各部分形状,最后再综合起来,想像出立体的整体形状。现以支架的三视图为例(见图4.27)说明读图的具体方法和步骤。

(1) 分线框、对投影:如图 4.27(a)中,先把主视图分为三个封闭的线框 1、2、3,然后分别找出这些线框在俯、左视图中的相应投影,如图 4.27(b)、(c)、(d)所示。

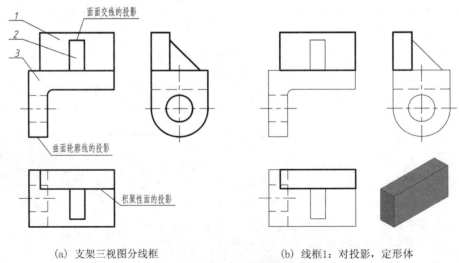

(a) 支架三视图分线框　　　　　　(b) 线框1:对投影,定形体

图 4.27 支架的看图方法

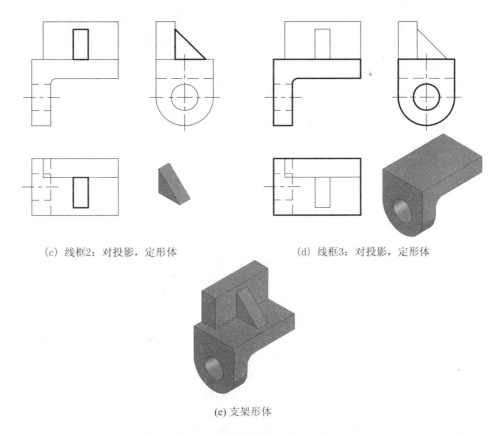

(c) 线框2：对投影，定形体　　　　(d) 线框3：对投影，定形体

(e) 支架形体

图 4.27　支架的看图方法(续)

（2）对投影、定形体：分线框后，可根据各基本立体的投影特点，确定各线框所表示的是什么形状的立体。如线框1的三面投影都是矩形，所以是长方体，如图4.27（b）所示；线框2的三面投影中，正面投影及水平投影虽是矩形，侧面投影却是三角形，所以是三棱柱体，如图4.27（c）所示；线框3是下方为半圆柱、中间有圆柱形通孔的直角弯板，如图4.27（d）所示。

（3）综合起来想整体：确定了各线框所表示的基本立体后，再分析各基本立体的相对位置，就可以想像出立体的整体形状。分析各基本立体的相对位置时，应该注意立体上下、左右和前后的位置关系在视图中的反映。从分析图4.27所示的支架三视图中可知，长方体1在弯板3的上面，其后面和右侧面分别与弯板的后面和右侧面位于同一平面内，三棱柱在弯板3的上面，紧靠在长方体1前面中间处。这样，就可以把它们综合起来，想像出支架的总体形状，如图4.27（e）所示。

2. 线面分析法

在绘制或阅读组合体的视图时，比较复杂的组合体通常在运用形体分析法的基础上，对不易表达或读懂的局部，还要结合线、面的投影进行分析。如分析立体的表面形状，立体的表面交线，立体面与面的相对位置等，来帮助表达或读懂这些局部的形状，这种方法称为线面分析法。

采用线面分析法看立体较复杂的部分，有助于把视图看得准确，从而提高读图速度。

如图4.28表示的物体，通观三视图，可知是由一长方体切割而成。其主视图有两个实线框 a'、b'。用对投影的方法可知，线框 a' 对应俯视图中的一个矩形 f 和一个三角形，但矩形不是 a'（三角形）的类似形，故 a' 只能与俯视图中的三角形 a 对应。俯视图中的小矩形 f 对正主视图中的一条横平直线,即小矩形平面是个水平面。由 l、l' 表示的直线是条侧垂线,可知小三角形平面是个侧垂面,从左视图中也可以看出。用对投影的方法知线框 b' 是前面的一个正平面。除此之外,俯视图中还有四个线框,即 c、d、e、g。线框 d 是一个九边形,长对正时则长对应于主视图中的倾斜直线 d',宽相等时则宽对应左视图中的九边形,它是一正垂面,俯、左视图中反映类似形状。线框 c 对应左视图中的"矩形槽",槽底在主视图中的投影是虚直线段,槽底是一个水平面。至于 e、g 两个小矩形线框就很容易看懂了,通过上述分析,明白了各部分的形状及相对位置关系,综合之,便得到如图 4.28 所示的物体。

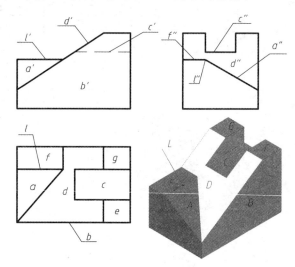

图 4.28 用线面分析法读组合体的三视图

4.4.3 看图举例

[**例 4.1**] 读懂图 4.29(a)所示立体的空间形状,并画出其左视图。

读图步骤如下:

(1) 概括了解:从图 4.29 所示为立体的两个视图可以看出,该立体各组成部分的形体界限不十分清楚,这是因为该立体是由棱柱经过切割后得到的。从主视图的外形轮廓看出,其主要立体是六棱柱;从俯视图的轮廓看出,六棱柱的后端面有凹槽,前端面有一凸台,从前端面到后端面有一通孔。

(2) 具体分析:

① 分线框、对投影:由图 4.29 中主视图上的粗实线,可分为三个线框;线框 $1'$ 和 $2'$ 在俯视图上对应两条直线;线框 $3'$ 在俯视图上对应两条虚线和两条实线围成的矩形线框。

② 对投影、定形体:根据线框 I 的两个投影,可确定它是六棱柱的前端面;线框 II 的两个投影,表示为六棱柱前端面上凸台的前表面,这两个平面均为正平面,主视图上的线框反映其实形,俯视图反映出了六棱柱和凸台前后方向的厚度。线框 III 的两个投影,表明它是从凸台前表面到六棱柱后端面的通孔。另外,主视图上两条铅垂虚线,对应俯视图上六棱柱后端面的凹槽,说明凹槽是从上到下贯通的矩形槽。

③ 综合起来想整体:在具体分析的基础上,可初步想像出该立体的基本形体是六棱柱,按各组成立体的相对位置,在六棱柱的前端面加上凸台并贯穿通孔,在六棱柱的后端面去掉凹槽,即得到如图 4.29(b)所示的整体形状。在此基础上,再运用线面分析法,检查所得的整体

形状是否正确。为此,可以分析其他视图上的线框,例如,从俯视图上三个由实线围成的线框4、5、6,找出它们在主视图上对应的投影为三条直线段。由此可知:线框4、6为正垂面,线框5为水平面,也就是说六棱柱的三个侧表面与凸台的三个侧面分别为同一个表面,这是由于六棱柱和凸台的这些表面是共面结合的关系,所以它们之间不应有分界线。

经过形体分析和线面分析,把图读懂,彻底想清立体的形状后,才能着手画其左视图,其作图步骤如图 4.29(c)、(d)所示。

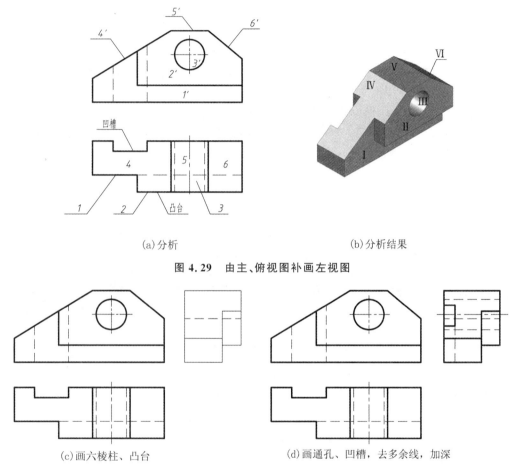

(a) 分析　　　　　　　　　　　　　　　(b) 分析结果

图 4.29　由主、俯视图补画左视图

(c) 画六棱柱、凸台　　　　　　　　　(d) 画通孔、凹槽,去多余线,加深

图 4.29　由主、俯视图补画左视图(续)

4.5　组合体的构形设计

组合体的构形设计是根据已知条件,以基本体为主,设计组合体的形状、大小并表达成图的过程,通过这种训练能够发展空间想象力、开拓思维,又能提高画图、读图能力,培养创新意识和开发创造能力,组合体的构形设计也是零件构形设计的基础。

4.5.1　组合体的构形设计原则

进行组合体构形设计时,必须考虑以下几点:

（1）组合体的形状、大小必须满足人们对它的要求，发挥预期的作用；

（2）组成组合体的各基本形体应尽可能简单，一般采用常见回转体（如圆柱、圆锥、圆球、圆环）和平面立体，尽量不用不规则的曲面，这样有利于画图、标注尺寸及制造；

（3）所设计的组合体在满足功能要求的前提下，结构应简单紧凑；

（4）组合体的各形体间应互相协调、造型美观。

4.5.2 组合体构形设计的基本方式

1. 凸凹、平曲、正斜构思

已知形体的一个视图，通过改变相邻封闭线框的位置关系及改变封闭线框所表示的基本形体的形状（应与投影相符），可构思出不同的形体，如图4.30所示。

2. 不同组合方式构思

已知形体的两个视图，根据视图的对应关系，可构思出不同的形体，如图4.31～图4.33所示。图4.31可以认为该组合体由数个基本形体经过不同的叠加方式而形成的；图4.32可以认为该组合体是由长方体经过不同方式的切割而形成的；图4.33可以认为组合体是通过综合（既有叠加又有切割）的构形方式而形成的。在构思形体时，不应出现与已知条件不符或形体不成立的构形，如图4.32(c)和图4.33(c)所示。

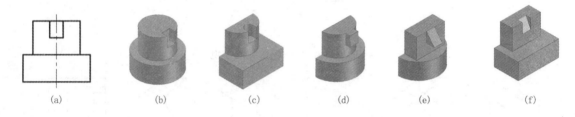

图4.30 一个视图对应若干形体

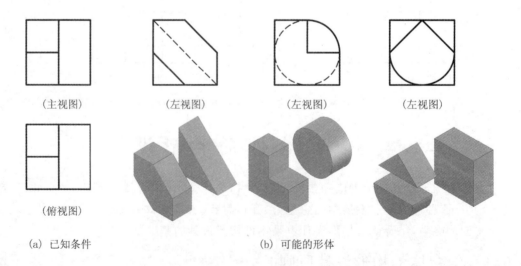

图4.31 两个视图对应若干形体——叠加构形

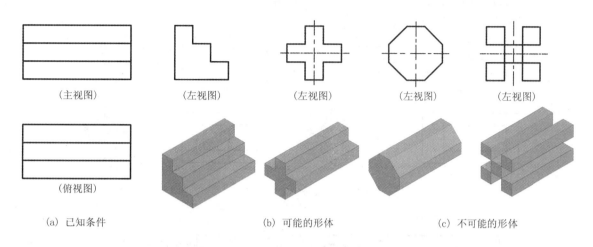

图 4.32 两个视图对应若干形体——切割构形

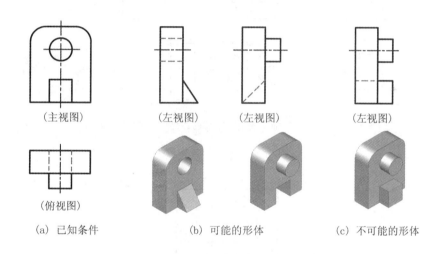

图 4.33 两个视图对应若干形体——综合构形

3. 互补形体构形

根据已知形体,构想出一个与之相嵌合的立体,使两立体吻合成一个完整的长方体或圆柱体等基本形体,如图 4.34 所示。

4.5.3 构型设计应注意的问题

(1) 两个形体组合时,不能出现线接触、面连接和点接触,如图 4.32(c) 和图 4.33(c) 所示。

(2) 不要出现封闭内腔,如图 4.35 所示。

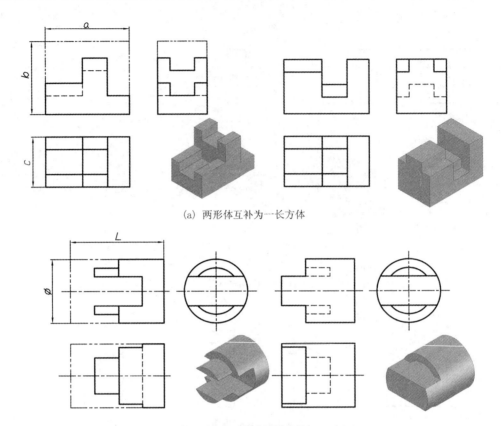

(a) 两形体互补为一长方体

(b) 两形体互补为一圆柱体

图 4.34 互补形体构形

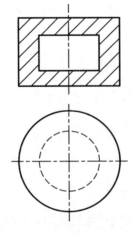

图 4.35 不要出现封闭内腔

第 5 章　轴测投影图

在前面学习的三视图中,因在一个视图上不能同时反映物体的长、宽、高三个方向的尺寸和形状,图形缺乏立体感,需要对照几个视图和运用正投影原理进行阅读,才能想象出物体的形状。

轴测投影图是用平行投影法将物体及确定该物体的直角坐标轴 OX、OY、OZ,沿不平行于任一坐标面的方向投射在单一投影面上,所得的具有立体感的图形,它能同时反映出物体长、宽、高三个方向的尺寸,具有较好的直观性,如图 5.1 所示轴测投影图虽然立体感好,直观性强,但与多面正投影相比,其度量性较差,绘图较繁,因此它是工程上的一种辅助图样。

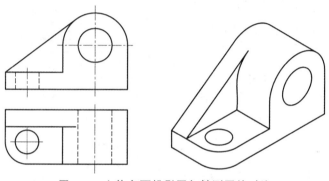

图 5.1　立体多面投影图与轴测图的对比

5.1　轴测投影图的基本知识

5.1.1　轴测投影图的形成

预设平面 P 称为轴测投影面(简称为轴测面);坐标轴 $O-XYZ$ 在轴测投影面上的投影 $O_1-X_1Y_1Z_1$ 称为轴测轴;物体在 P 平面上的投影称为轴测投影图。用正投影法得到的轴测投影图称为正轴测投影图(见图 5.2),用斜投影法得到的轴测投影图称为斜轴测投影图,如图 5.3 所示。

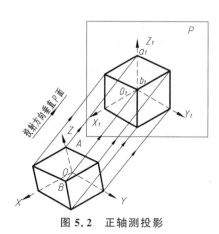

图 5.2　正轴测投影

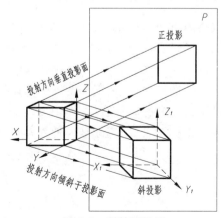

图 5.3　斜轴测投影

5.1.2 轴向伸缩系数和轴间角

由于立体上三个坐标轴对轴测投影面的倾斜角度不同,所以在轴测图上各坐标轴长度的变化程度也不一样,轴测轴上的单位长度与相应空间坐标轴上的单位长度之比,称为轴向伸缩系数。设 u 为 OX、OY、OZ 轴上的单位长度,i、j、k 为 u 在相应轴测轴上的投影,则 $\frac{i}{u}=p_1$,$\frac{j}{u}=q_1$,$\frac{k}{u}=r_1$,p_1、q_1、r_1 分别称为 X_1、Y_1、Z_1 轴的轴向伸缩系数。根据轴向伸缩系数就可以分别求出轴测投影图上各轴向线段的长度。

轴测轴之间的夹角 $\angle X_1O_1Y_1$、$\angle X_1O_1Z_1$、$\angle Z_1O_1Y_1$ 称为轴间角。

5.1.3 轴测图的投影特性

由于轴测图是用平行投影法得到的,所以它具有平行投影的投影特性:

(1) 平行性:空间相互平行的直线,它们的轴测投影仍相互平行。物体上平行于坐标轴的线段,在轴测投影图上仍平行于相应的轴测轴。

(2) 等比性:物体上平行于坐标轴的线段其轴测投影与原线段实长之比,等于相应的轴向伸缩系数。

绘制轴测图时必须沿着轴向方向测量尺寸,这就是"轴测"二字的含义。

5.1.4 轴测图的分类

在正轴测图和斜轴测图中,根据三个轴向伸缩系数是否相等,又各分为三种,即正等测、正二测、正三测和斜等测、斜二测、斜三测。

工程上用得较多的是正等测和斜二测,以下只介绍这两种轴测图的画法。

5.2 正等轴测图的画法

5.2.1 轴间角和轴向伸缩系数

当空间直角坐标系的三个坐标轴与轴测投影面倾斜相同的角度(均为 $35°16'$)用正投影法得到的轴测投影图,称为正等轴测图,简称正等测。正等测的轴间角均为 $120°$,轴向伸缩系数 $p_1=q_1=r_1\approx 0.82$。为了表达清晰和画图方便,一般将 Z_1 轴画成铅垂位置,如图 5.4 所示。

为了作图简便,常把正等测图的轴向伸缩系数简化为 1,即 $p_1=q_1=r_1=1$。也就是说物体上凡平行于坐标轴的直线,在轴测图上都按物体的实际尺寸画,如图 5.5 所示。采用这种方法画出的轴测图,比用实际轴向伸缩系数画出的放大 1.22 倍($1/0.82\approx 1.22$),但不影响图形效果。

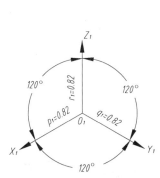

图 5.4 正等测图的轴向伸缩系数和轴间角

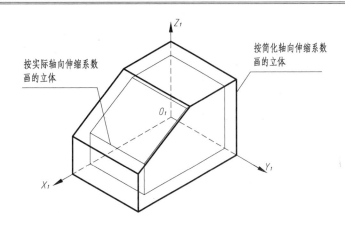

图 5.5 简化与实际轴向伸缩系数的对比

5.2.2 平面立体正等轴测图的画法

绘制平面立体正等轴测图的基本方法是坐标法,即根据立体表面上的各顶点相对于坐标原点的三个坐标值,画出各顶点的轴测图,依次连接各顶点完成平面立体的正等轴测图。除此之外,还可用切割法和组合法(或叠加法)来作图。

1. 坐标法

[例 5.1] 图 5.6(a)所示为正六棱柱的两视图,画出其正等测图。

(1) 在视图上选定原点和坐标轴:如图 5.6(a)所示,因为正六棱柱顶面和底面都是处于水平位置的正六边形,取顶面六边形的中心为坐标原点 O,通过顶面中心 O 的轴线为坐标轴 X、Y,高度方向的坐标轴取为 Z。

(2) 画出轴测轴 $O_1-X_1Y_1Z_1$,在 X_1 轴上沿原点 O_1 的两侧分别取 $a/2$ 得到 1_1 和 4_1 两点。在 Y_1 轴上 O_1 点两侧分别量取 $b/2$ 得到 7_1 和 8_1 两点,如图 5.6(b)所示。

(3) 过 7_1 和 8_1 作 X_1 轴的平行线,并量取 23 和 56 的长度得到 $2_1 3_1$ 和 $5_1 6_1$,求得了顶面正六边形的六个顶点,连接各点完成六棱柱顶面的轴测图,如图 5.6(c)所示。

(4) 沿 1_1、2_1、3_1 及 6_1 各点垂直向下量取 H,得到六棱柱底面可见的各顶点(轴测图上一般虚线省略不画),如图 5.6(d)所示。

(5) 用直线连接各点并加深轮廓线,即得正六棱柱的正等测,如图 5.6(e)所示。

2. 切割法

对于不完整的物体,可先按完整物体画出,然后再利用轴测投影的特性(平行性)对切割部分进行作图,这种作图方法称为切割法。实际作图时,往往是坐标法、切割法两种方法综合使用。

[例 5.2] 完成图 5.7(a)所示形体的正等轴测图。

分析:该形体由长方体切割形成,可用切割法画其正等轴测图,作图过程如下:

(1) 选形体的右下后点为坐标原点,并在已知视图上标出原点和坐标轴,如图 5.7(a)所示。

(2) 画轴测轴,并画出长方体轮廓,如图 5.7(b)所示。

(3) 根据 a、b 的长度,切去左上角,如图 5.7(c)所示。

(4) 根据 c、d 的长度,切去上面前端的楔体,如图 5.7(d)所示。

(5) 擦去多余的图线,加深可见轮廓,完成作图,如图 5.7(e)所示。

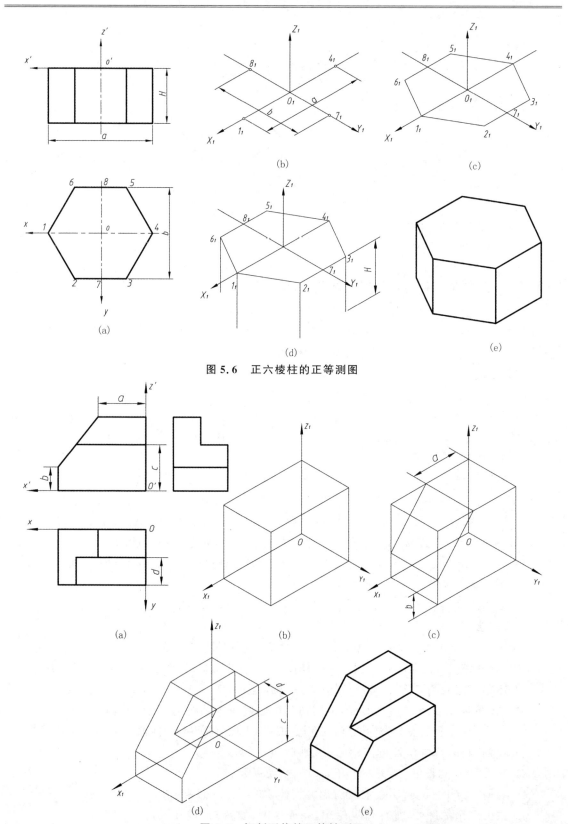

图 5.6 正六棱柱的正等测图

图 5.7 切割形体的正等轴测图

5.2.3 圆的正等测图

曲面立体中最常见的是回转体,它们的轴测图主要涉及圆的轴测图画法。这里只介绍平行于坐标平面的圆的正等测图的画法。

图 5.8 为水平圆的正等测的作图过程:

(1) 作圆的外切正方形,得切点 1、2、3、4,如图 5.8(a)所示。

(2) 作轴测轴和切点 1_1、2_1、3_1、4_1,通过这些点作外切正方形的轴测图,得菱形 $A_1B_1C_1D_1$,并作对角线,如图 5.8(b)所示。

(3) 连接 A_1、1_1 和 B_1、4_1 得 E_1 点,连接 A_1、2_1 和 B_1、3_1 得 F_1 点,如图 5.8(c)所示。

(4) 以 A_1、B_1 为圆心,以 $A_1 1_1$ 为半径,作 $\widehat{1_1 2_1}$、$\widehat{3_1 4_1}$;以 E_1、F_1 为圆心,以 $E_1 1_1$ 为半径,作 $\widehat{1_1 4_1}$、$\widehat{2_1 3_1}$,连成近似椭圆,如图 5.8(d)所示。

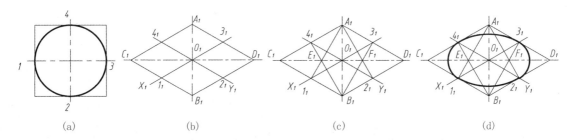

(a)   (b)   (c)   (d)

图 5.8 圆的正等轴测图的画法

图 5.9 画出了立方体表面上三个内切圆的正等测图,它们可用图 5.8 的作法分别画出。从图中看出:平行于坐标面 XOY(水平面)的圆的正等测图的椭圆长轴垂直于 Z_1 轴,短轴平行于 Z_1;平行于坐标面 YOZ(侧面)的圆的正等轴测图的椭圆长轴垂直于 X_1 轴,短轴平行于 X_1 轴;平行于坐标面 XOZ(正面)的圆的正等轴测图的椭圆长轴垂直于 Y_1 轴,短轴平行于 Y_1 轴。

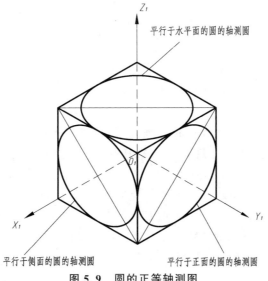

图 5.9 圆的正等轴测图

5.2.4 常见回转体的正等测图

常见回转体的正等测图的画法如表 5.1 所列。

表 5.1 常见回转体正等测图的画法

名 称	正等测图的画法	说 明
圆柱	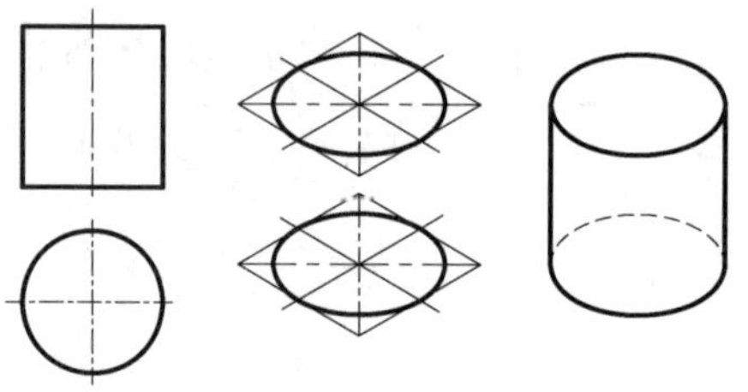	根据圆柱的直径和高,先画出上、下底的椭圆,然后作椭圆公切线(长轴端点连线),即为转向线
圆台	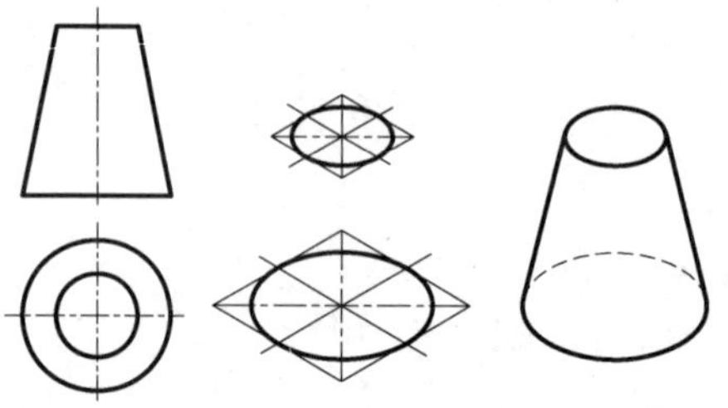	其画法步骤与圆柱类似,但转向轮廓线不是长轴端点连线,而是两椭圆公切线
圆球	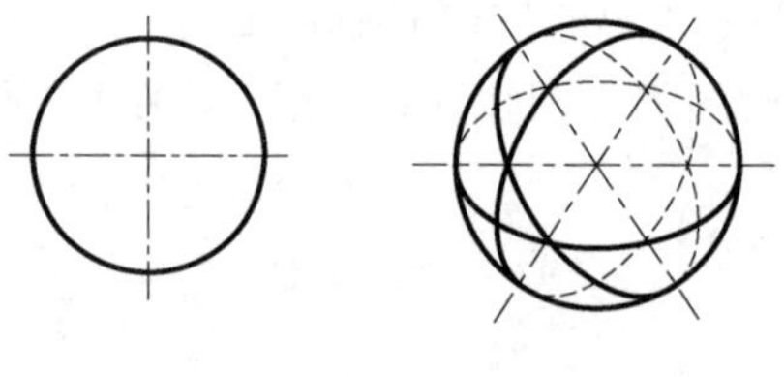	球的正等测为与球直径相等的圆。如采用简化系数,则圆的直径应为 1.22 d。为使圆球有立体感,可画出过球心的三个方向的椭圆

[例 5.3] 完成图 5.10(a)所示的带圆角的长方体的正等轴测图。

画图步骤:

(1) 根据图 5.10(a)画出长方体的正等轴测图,自 A、B 两点以圆角半径 R 沿长方体棱边截取点 C_1、点 D_1、点 E_1、点 F_1,过这四点分别作棱边的垂线得交点 O_1、O_2,如图 5.10(b)所示。

(2) 以点 $O_1(O_2)$ 为圆心,$O_1C_1(O_2E_1)$ 为半径画弧 $C_1D_1(E_1F_1)$,如图 5.10(c)所示。

(3) 用平移法得点 O_3、点 O_4、点 C_2、点 D_2、点 F_2,以点 $O_3(O_4)$ 为圆心,$O_3C_2(O_4F_2)$ 为半径画弧,并作出远端前后圆弧的公切线,如图 5.10(d)所示。

(4) 擦去多余的图线,加深,完成全图,如图 5.10(e)所示。

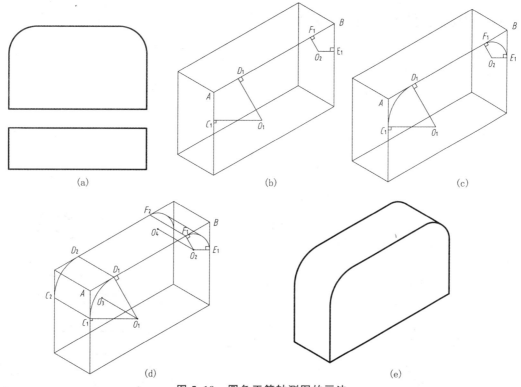

图 5.10 圆角正等轴测图的画法

5.2.5 截割体、相贯体正等测图的画法

绘制截割体及相贯体的正等测图,需要作出截交线和相贯线的轴测图,常采用的方法有坐标定位法和辅助平面法。

坐标定位法是先在截交线或相贯线上取一系列的点,根据三个坐标值作出这些点的轴测投影,然后光滑连接各点而成。

辅助平面法是根据求相贯线的正投影图时采用的辅助平面法的原理来绘制相贯线轴测图的。

图 5.11 所示为正交两圆柱体,采用辅助平面 P 截两圆柱,根据 Y 值在轴测图上得到截交线,截交线相交即得交点 1。同样的方法求得一系列的点后,光滑连接各点即得相贯线的轴测图。

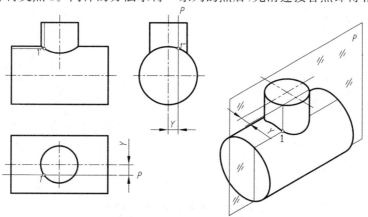

图 5.11 相贯体正等测的画法

5.2.6　画组合体正等测图举例

绘制组合体的轴测图时,应按以下步骤进行作图:
(1) 在视图上确定坐标轴,并将组合体分解成几个基本体。
(2) 作轴测轴,画出各基本体的主要轮廓。
(3) 画各基本体的细节。
(4) 擦去多余线,描深全图。

[例 5.4]　作如图 5.12 所示支架的正等测图。

(1) 形体分析,确定坐标轴。

如图 5.12 所示,支架由上、下两块板组成。上面一块竖板,其顶部是圆柱面,两侧的斜壁与圆柱面相切,中间有一圆柱孔。下面是一块带圆角的长方形底板,底板上有两个圆柱孔。

因支架左右对称,取后底边的中点为原点,确定如图中所示的坐标轴。

(2) 作图过程如图 5.13(a)、(b)、(c)、(d)所示。

① 作轴测轴,先画底板的轮廓,再画竖板与它的交线 $1_1 2_1 3_1 4_1$,确定竖板后孔口的圆心 B_1,由 B_1 定出前孔口的圆心 A_1,画出竖板圆柱面顶部的正等测近似椭圆,如图 5.13(a)所示。

② 由 1_1、2_1、3_1 诸点作切线,再作出竖板上的圆柱孔,完成竖板的正等测。由 L_1、L_2 和 L 确定底板顶面上两个圆柱孔的圆心,作出这两个孔的正等测近似椭圆,如图 5.13(b)所示。

③ 从底板顶面上圆角的切点作切线的垂线,交得圆心 C_1、D_1,再分别在切点间作圆弧,得顶面圆角的正等测,再作出底面圆角的正等测,如图 5.13(c)所示。最后,作右边两圆弧的公切线,作图结果如图 5.13(d)所示。

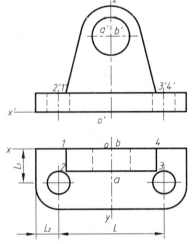

图 5.12　支架的两视图

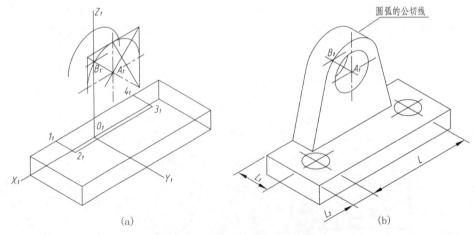

图 5.13　支架正等测图的画法

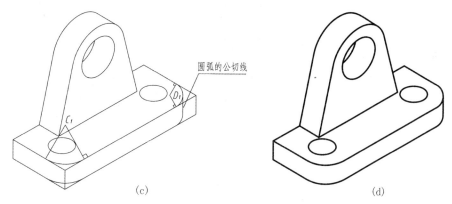

图 5.13 支架正等测图的画法(续)

5.3 斜二等轴测投影图

5.3.1 轴间角和轴向伸缩系数

当物体上的两个坐标轴 OX 和 OZ 与轴测投影面平行,而投影方向与轴测投影面倾斜时,所得到的轴测图是斜二轴测投影图,简称斜二测。斜二测的轴间角 $\angle X_1O_1Z_1=90°$,$\angle X_1O_1Y_1=\angle Y_1O_1Z_1=135°$,轴向伸缩系数 $p_1=r_1=1$,$q_1=0.5$,如图 5.14 所示。物体上平行于坐标面 XOZ 的直线、曲线和平面图形,在斜二轴测图中都反映实长和实形。

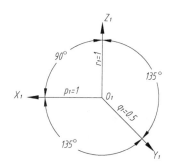

图 5.14 斜二测的轴向伸缩系数和轴间角

5.3.2 平行于坐标面的圆的斜二测

图 5.15 画出了立方体表面上三个内切圆的斜二轴测图:平行于坐标面 $X_1O_1Z_1$ 的圆的

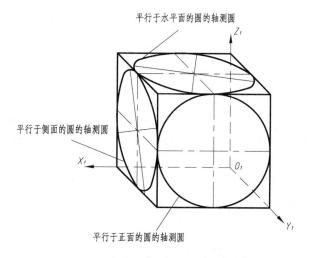

图 5.15 平行于坐标面的圆的斜二测图

斜二轴测图反映实形,平行于坐标面 $X_1O_1Y_1$ 和 $Y_1O_1Z_1$ 的圆的斜二轴测图是椭圆。这种椭圆也可用四段圆弧连成近似椭圆画出,现以圆心为原点的水平圆为例,介绍椭圆的作图方法,如图 5.16 所示。

(1) 由 O_1 作轴测轴 O_1X_1、O_1Y_1 以及圆的外切正方形的斜二测,四边中点为 1_1、2_1、3_1、4_1;再作 A_1B_1 与 X_1 轴成 $7°10'$,即为长轴方向;作 $C_1D_1 \perp A_1B_1$,C_1D_1 为短轴方向,如图 5.16(a)所示。

(2) 在 O_1C_1、O_1D_1 上分别取 $O_15_1 = O_16_1 = d$(圆的直径),分别连点 5_1 与 2_1,6_1 与 1_1,同长轴交于 7_1、8_1,5_1、6_1、7_1、8_1 即为四段圆弧的圆心,如图 5.16(b)所示。

(3) 以点 5_1、6_1 为圆心,5_12_1、6_11_1 为半径,画 $\overset{\frown}{9_12_1}$、$\overset{\frown}{10_11_1}$,与 5_17_1、6_18_1 交于 9_1、10_1;以 7_1、8_1 为圆心,7_11_1、8_12_1 为半径,作 $\overset{\frown}{1_19_1}$、$\overset{\frown}{2_110_1}$。由此连成近似椭圆,如图 5.16(c)所示。

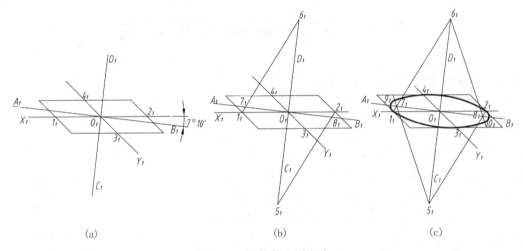

图 5.16 圆的斜二测画法

为了提高作图速度,也可用平行弦法画圆的斜二测图,如图 5.17 所示。

(1) 将视图上圆的直径 cd 六等分,并过其等分点作平行于 ab 的弦,如图 5.17(a)所示;

(2) 画圆中心线的轴测图,并量取 $O_1A_1 = O_1B_1 = d/2$,$O_1C_1 = O_1D_1 = d/4$,得 A_1、B_1、C_1、D_1 四点,如图 5.17(b)所示;

(3) 将 C_1D_1 六等分,过各等分点作直线平行于 A_1B_1,并量取相应弦的实长。将 A_1、B_1、C_1、D_1 及中间点依次光滑连成椭圆,如图 5.17(c)所示。

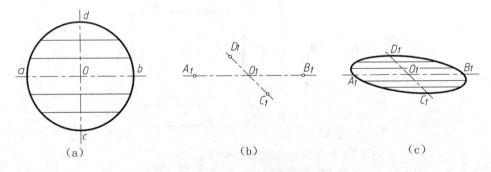

图 5.17 平行弦法画圆的斜二测

5.3.3 斜二测图画法举例

当物体在一个方向上具有比较多的平行于某一坐标面的圆或圆弧时,常选用斜二测作轴测图。作图时,应使这些圆或圆弧平行于 $X_1O_1Z_1$ 坐标面。画物体斜二测的步骤与作正等测的步骤相同。

[例 5.5] 作图 5.18 所示端盖的斜二测图。

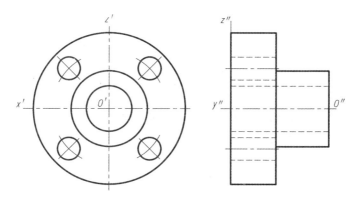

图 5.18 端盖的两视图

(1) 坐标轴及原点的选择如图 5.18 所示。为使各端面平行于坐标面 XOZ,取端盖的轴线与 Y 轴重合。

(2) 作图步骤如图 5.19 所示。

① 画轴测轴,并在轴上定出各个端面圆的位置。

② 根据各端面圆的直径,由前往后逐步画出各圆的可见部分,并画外形轮廓线。

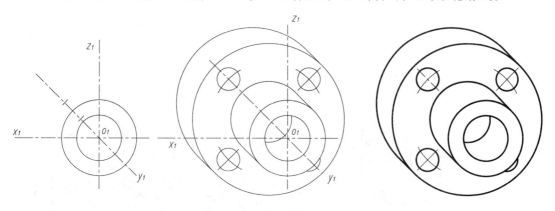

图 5.19 端盖的斜二测图

第 6 章　机件常用的表达方法

在生产实际中,对于结构和形状复杂的机件,仅采用前面所讲的三视图,就难于将它们的内、外部形状表达清楚。为了完整、清晰、简便地表达各种机件的形状,国家标准规定了绘制工程图样的表达方法。本章将介绍视图、剖视图、断面图和一些简化画法。

6.1　视　图

视图主要用于表达机件外部结构形状,主要有基本视图、局部视图、斜视图等类型。在视图中一般只画机件的可见轮廓,其不可见轮廓只有必要时才用虚线画出。

6.1.1　基本视图

1. 基本视图的形成

机件向基本投影面投射所得视图称为基本视图。根据国家标准《技术制图》的规定,用正六面体的六个面作为基本投影面,把机件放置在该正六面体中间,然后用正投影的方法向六个基本投影面分别进行投影,就得到了该机件的六个基本视图,如图 6.1 所示。除了前面已介绍的主视图、俯视图、左视图外,还有由右向左投射所得的右视图;由下向上投射所得的仰视图;由后向前投射所得的后视图。六个基本投影面展开的方法如图 6.2 所示。

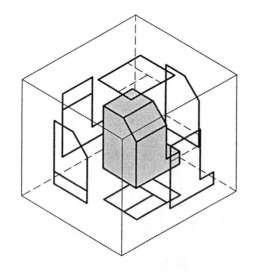

图 6.1　基本视图的形成

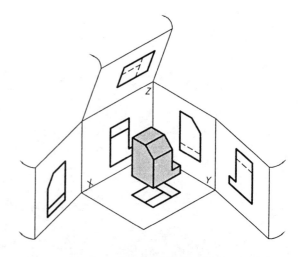

图 6.2　基本视图的展开方法

2. 六个基本视图的配置及投影规律

六个基本视图的配置位置如图 6.3 所示。在同一张图样上,按图 6.3 配置时,一律不标注视图的名称,否则需要进行相应的标注。

六个基本视图之间仍符合"长对正、高平齐、宽相等"的投影规律,即

主、俯、仰、后四个视图等长;

主、左、右、后四个视图等高;

俯、仰、左、右四个视图等宽。

3. 基本视图的应用

在表达机件的形状时,不是任何机件都需要画出六个基本视图,应根据机件的外部结构形状的复杂程度选用必要的基本视图。如图 6.4 所示的机件,为了表达左、右凸缘的形状,采用了主视图、左视图和右视图三个基本视图,并省略了一些不必要的虚线。

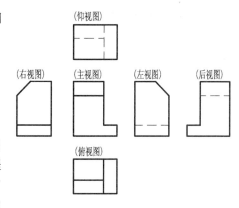

图 6.3 基本视图的配置

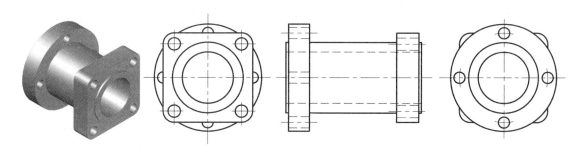

图 6.4 基本视图应用举例

6.1.2 向视图

有时为了合理利用图纸,基本视图可不按图 6.3 所示的位置配置,而将基本视图自由配置,这种视图称为向视图。

向视图必须标注,即在相应的视图附近画箭头指明投影方向,并注上大写字母(如 A、B、C 等),并在向视图的上方标注相同的字母,如图 6.5 所示。

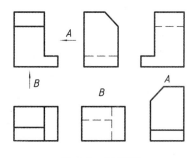

图 6.5 向视图

6.1.3 局部视图

当机件只有局部形状没有表达清楚时,不必再画出完整的基本视图,而采用局部视图。将机件的某一部分向基本投影面投射所得的视图称为局部视图,如图 6.6 中的"A"和"B"视图。

1. 局部视图的画法

由于局部视图所表达的只是机件某一部分的形状,故需要画出断裂边界,其断裂边界用波浪线表示,如图 6.6 中的"A"所示。当所表示的局部结构形状是完整的且有封闭的外轮廓线时,则波浪线可省略不画,如图 6.6 中的"B"所示。

2. 局部视图的配置

局部视图一般按投影关系配置,如图6.6中的"A"局部视图,也可配置在其他适当位置,如图6.6中的"B"局部视图。

3. 局部视图的标注

画局部视图时,须在相应的视图附近画出箭头指明投影方向,并注上字母,在局部视图上方标注相同的字母。

当局部视图按投影关系配置,中间又没有其他图形隔开时,则可省略标注。如图6.6中的"A"局部视图可省略标注。

6.1.4 斜视图

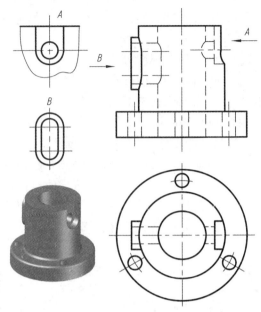

图 6.6 局部视图

当机件上有不平行于基本投影面的倾斜结构时,则该部分的真实形状在基本视图上无法表达清楚,如图 6.7(a)所示。为此,可设置一个平行于倾斜结构且垂直于某一基本投影面的平面(图 6.7(b)中的正垂面)作为新投影面,将倾斜结构向该投影面投射,即可得到反映实形的视图。这种将机件向不平行于任何基本投影面的平面投射所得的视图称为斜视图。

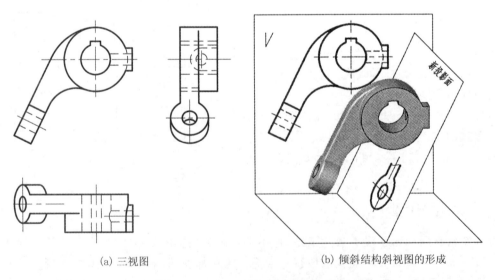

(a) 三视图　　　　　　　　　　(b) 倾斜结构斜视图的形成

图 6.7　压紧杆的三视图及斜视图的形成

1. 斜视图的画法

由于斜视图主要用来表达机件倾斜部分的实形,故其余部分不必画出,其断裂边界用波浪线表示。但当所表达的结构形状是完整且外轮廓线又成封闭时,波浪线可省略不画。

2. 斜视图的配置

斜视图一般按投影关系配置,如图 6.8(a)所示,必要时也可配置在其他适当位置。在不致引起误解时,允许将图形旋转,但要注意标注,如图 6.8(b)所示。

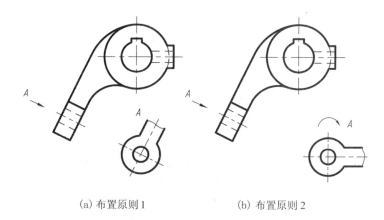

(a) 布置原则1　　　　(b) 布置原则2

图 6.8　斜视图的配置

3. 斜视图的标注

画斜视图必须标注。在相应视图的投影部位附近沿垂直于倾斜面的方向画出箭头表示投影方向,并注上字母,在斜视图的上方标注相同的字母(注意:字母一律水平书写),如图 6.8(a)所示。经过旋转的斜视图,必须加旋转符号⌒,其箭头方向为旋转方向,字母应靠近旋转符号的箭头端,如图 6.8(b)所示。

6.2　剖视图

在视图中,物体内部的不可见结构(如孔、槽等)是用虚线表示的,如图 6.9 所示。内部结构愈复杂,视图上的虚线也就愈多,影响图面的清晰程度,这既不便于标注尺寸,又给读图带来了困难,因此根据《机械制图》国家标准的规定,可采用剖视图来表达机件的内部结构。

6.2.1　剖视图的概念与画法

1. 定　义

(1) 剖切面:用来剖切物体的假想平面或曲面。

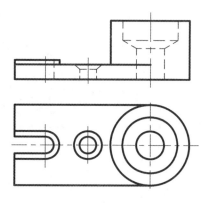

图 6.9　物体的视图

(2) 剖视图:假想用剖切面剖开物体,将处在观察者和剖切面之间的部分移去,而将剩余部分向投影面投射所得的图形称为剖视图,如图 6.10 所示。

(3) 剖面区域:剖切面与物体的接触部分,即截断面。

2. 剖视图的画法

(1) 确定剖切平面的位置:用来剖切机件的平面,应通过机件内部孔、槽等结构的对称面或轴线,使该平面平行或垂直某一投影面,以便使剖切后的投影能反映实形,如图 6.10 所示。

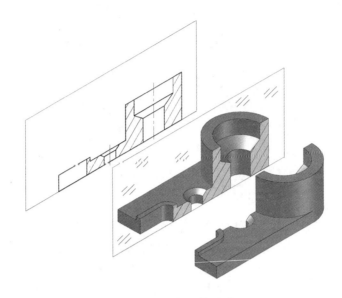

图 6.10 剖视图的形成

(2)画出可见轮廓线:当机件剖切后,剖切面处原来不可见的结构变成了可见,即虚线变成了实线;向后投影时,剖切面之后的所有可见轮廓线应当画出,如图 6.11(a)所示。

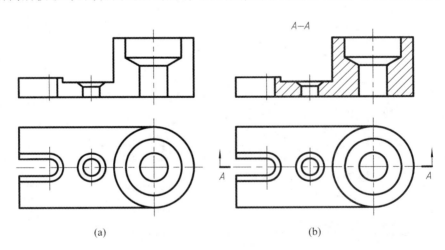

(a)　　　　　　　　　　　(b)

图 6.11 剖视图的画法

(3)画剖面符号:在机件的剖面区域上应画出剖面符号以区别剖面区域与非剖面区域。国家标准规定了各种材料的剖面符号,如表 6.1 所列。

剖面符号仅表示材料类别,对于材料的名称和代号必须在标题栏中注明。金属材料的剖面符号须用细实线,且须间距相等,方向相同,与水平方向成 45°,如图 6.11(b)所示。金属材料的剖面符号通常称为剖面线。同一机件的各剖视图中,剖面线的方向与间隔均应一致,如图 6.16(b)所示。

表 6.1 各种材料的剖面符号

材　料	剖面符号	材　料	剖面符号
金属材料（已有规定符号者除外）	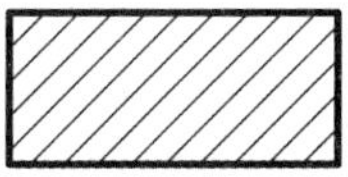	混凝土	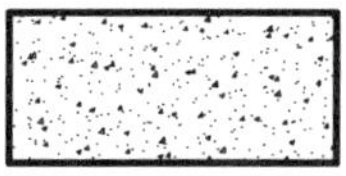
线圈绕组元件	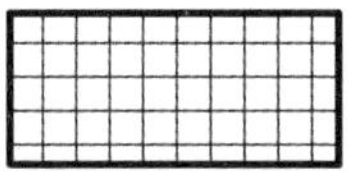	钢筋混凝土	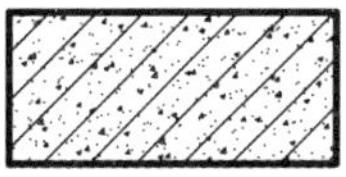
转子、电枢、变压器和电抗器等的叠钢片	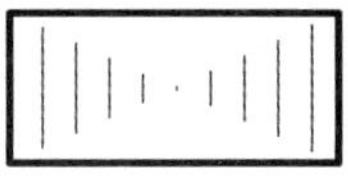	砖	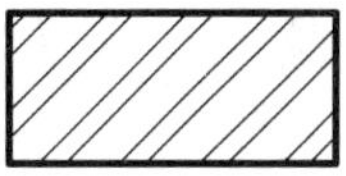
非金属材料（已有规定符号者除外）	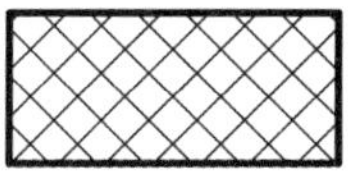	基础周围的泥土	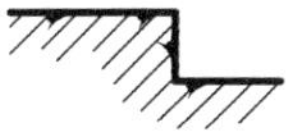
型砂、填砂、粉末冶金、砂轮、陶瓷刀片、硬质合金等	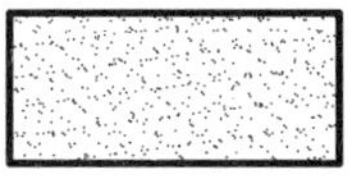	格网（筛网、过滤网等）	
玻璃及供观察用的其他透明材料		液　体	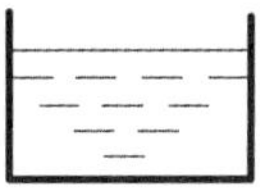

当剖视图中的主要轮廓线与水平线成 45°或接近 45°时，则剖面线应画成与水平线成 30°或 60°的细实线，其倾斜方向仍应与其他视图上的剖面线一致，如图 6.12 所示。

3．剖视图的标注

剖视图一般应进行标注，如图 6.11(b)所示。标注内容包括：

剖切位置符号：用以表示剖切面位置，在剖切面的起止和转折处，用粗短线画出；

箭头：用来表示剖切后的投影方向，该箭头垂直于剖切位置符号；

剖视图的名称：在剖切位置符号处标注相同的大写字母，并在剖视图上方注出"×—×"。

当剖视图按投影关系配置，中间又没有其他视图隔开时，可以省略箭头。

当单一剖切平面通过机件的对称面或基本对称面，且剖视图按投影关系配置，中间又没有其他视图隔开时，可省略标注，如图 6.13 所示。

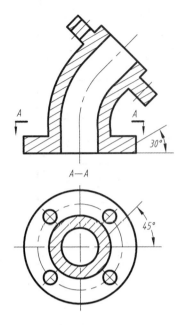 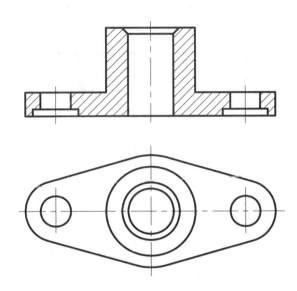

图 6.12 特殊情况下剖面线的画法　　　图 6.13 省略标注示例

4. 画剖视图应注意的问题

(1) 剖视图是假想将机件剖开后画出的,事实上机件并没有被剖开。因此,除剖视图按规定画法绘制外,其他视图仍按完整的机件画出。

(2) 在同一机件上可根据需要多次剖切,每次剖切都应从完整形体考虑,各次剖切互不影响。

(3) 剖切平面的位置选择要得当。首先应考虑通过内部结构的轴线或对称平面以剖出它的实形,其次考虑在可能的情况下使剖面通过尽量多的内部结构。

(4) 画剖视图时,剖切面后所有可见轮廓线都应画出,不能遗漏。表 6.2 给出了几种易漏线的示例。

表 6.2 剖视图中易漏线示例

立体图				
正确				

续表 6.2

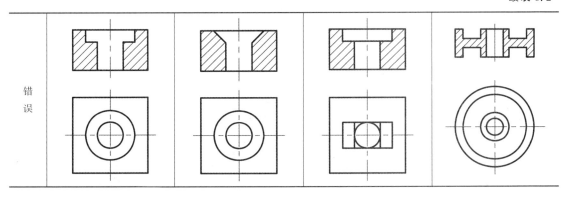

（5）在剖视图中，当形体内部结构已表达清楚时，虚线可省略不画；对没有表达清楚的结构，仍需要画出虚线，如图 6.14 所示。

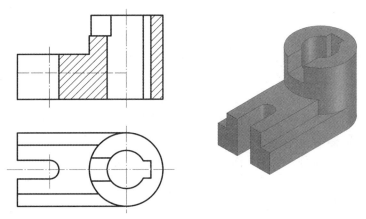

图 6.14　必要的虚线要画出图例

6.2.2　剖视图的种类

根据机件表达的需要，国家标准规定了三种剖视图，即全剖视图、半剖视图和局部剖视图。

1. 全剖视图

用剖切面完全地剖开机件所得的剖视图称为全剖视图。

当机件的外形简单或外形已在其他视图中表示清楚时，为了表达复杂的内部结构，常采用全剖视图。

图 6.15(a)是泵盖的两视图，从图中可以看出，它的外形比较简单，内形比较复杂，前后对称。图 6.15(b)是泵盖的全剖视图，主视图是为了表达泵盖中间的两个通孔和底板上的阶梯孔，选用一个平行于正面且通过泵体前后对称面的剖切平面，将泵体全部剖开所得的剖视图。剖切平面通过机件的对称面，且剖视图按投影关系配置，故省略标注。剖切立体如图 6.15(c)所示。

2. 半剖视图

当物体具有对称平面时，向垂直于对称平面的投影面上投射所得的图形，以对称中心线为界，一半画成剖视图，另一半画成视图，这种剖视图称为半剖视图。

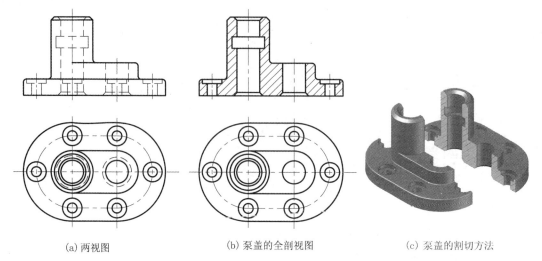

(a) 两视图　　　　　　(b) 泵盖的全剖视图　　　　　(c) 泵盖的割切方法

图 6.15　泵盖的全剖视图示例

半剖视图主要用于内、外部形状均需表达的对称机件。图 6.16(a)是支座的两视图,从图中可以看出,它的内、外部形状都需要表达,前后、左右对称。为了清楚地表达其内、外部形状,可采用图 6.16(b)所示的表达方法。主视图是以左、右对称中心线为界,一半画成视图,表达其外形;另一半画成剖视图,表达其内部阶梯孔。俯视图是以前、后对称中心线为界,前一半画成 A—A 剖视图,表达凸台及其上面的小孔;后一半画成视图,表达顶板及四个小孔的形状和位置。剖切立体如图 6.16(c)所示。根据支座左右对称的特点,俯视图也可以左右对称中心线为界,一半画成视图,另一半画成剖视图,其表达效果是一样的。

当机件的形状基本对称,且不对称部分已另有视图表达清楚时,也可画成半剖视图,如图 6.17 所示。

如果机件的外形很简单,虽然形状对称,也可采用全剖视图,如图 6.18 所示。

画半剖视图时应注意:

(1) 在半剖视图中,半个外形视图和半个剖视图的分界线应画成细点画线,不能画成粗实线。

(2) 在半剖视图中,机件的内部形状已在半个剖视图中表达清楚,因此在半个视图部分不必再画出虚线。

(3) 半剖视图的标注方法应与全剖视图相同,如图 6.16(b)所示。

(4) 半剖视图中,标注机件对称结构的尺寸时,其尺寸线应略超过对称中心线,并只在尺寸线的一端画箭头,如图 6.19 所示。

3. 局部剖视图

用剖切面局部地剖开机件所得的剖视图称为局部剖视图。

局部剖视图具有能同时表达机件内、外部形状的优点,因此应用比较广泛。局部剖视图常用于机件的内、外部结构均需要表达,但又不适宜采用全剖或半剖视图时,可以以波浪线为界,将一部分画成剖视图表达内形,另一部分画成视图表达外形。

图 6.20(a)为箱体的两视图。从图中可以看出,其主体是一内空的长方体,底板上有四个安装孔,顶部有一凸缘,左下方有一轴承孔,它的上下和左右都不对称。为了使箱体的内部和外部都表达清楚,全剖视图和半剖视图均不适宜,因而采用了局部剖视图,如图 6.20(b)所示。其主视图上的两处局部剖视图,分别表达了上部凸缘内孔和箱体的内部结构以及底板上的安

装孔；俯视图上的局部剖视图则表达了轴承孔的结构。剖切立体如图 6.20(c)所示。

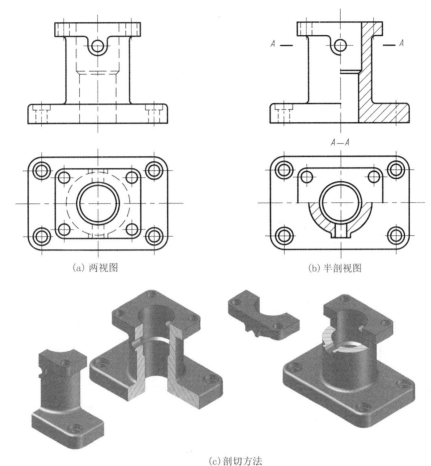

图 6.16 支座的表达方法

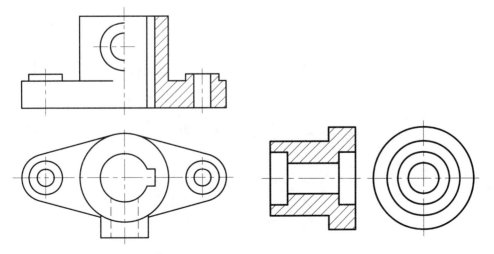

图 6.17 基本对称机件半剖视图　　图 6.18 外形简单的对称机件

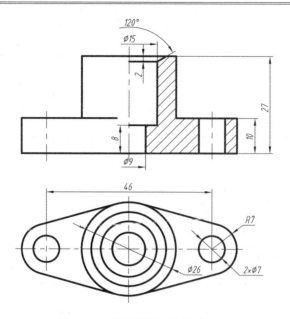

图 6.19 半剖视图中的尺寸标注

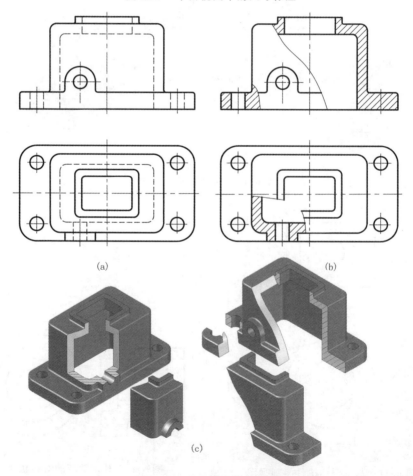

图 6.20 箱体的局部剖视图

对于实体机件上的孔、槽、缺口等局部的内部形状,可采用图 6.21 所示的局部剖视图来表达。当图形的对称中心线处有机件的轮廓线时,不宜采用半剖视图,可采用局部剖视图,如图 6.22 所示。

当单一剖切平面的剖切位置明显时,局部剖视图可省略标注,如上述几个局部剖视图都不需要标注。

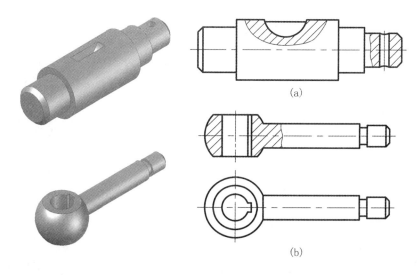

图 6.21　局部剖视图示例(一)

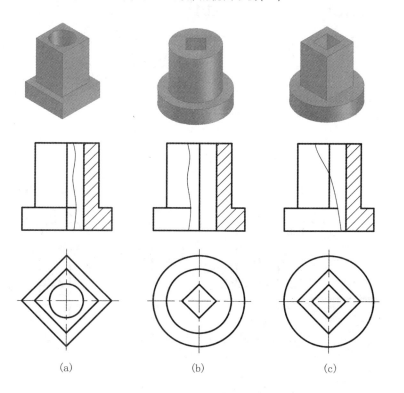

图 6.22　局部剖视图示例(二)

画局部剖视图时应注意：

(1) 波浪线应画在机件的实体部分,不能穿孔而过,也不能超出视图中被剖切部分的轮廓线,如图 6.23 所示。

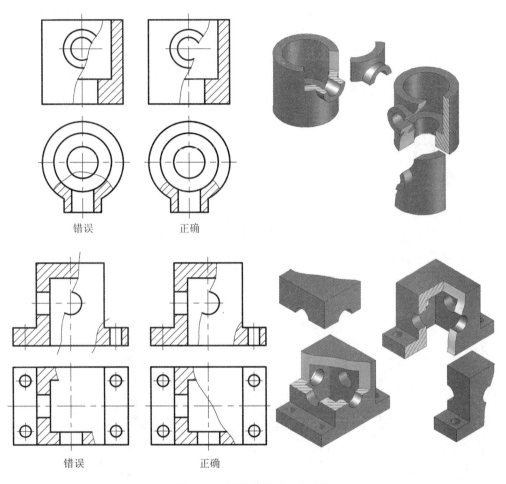

图 6.23 波浪线的正、误对照

(2) 波浪线不能与视图中的轮廓线重合,也不能画在其延长线上,如图 6.24 所示。

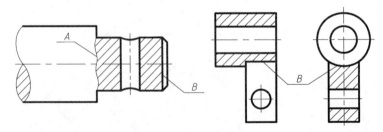

A—波浪线不能画在轮廓线的延长线上；
B—波浪线不能与轮廓线重合

图 6.24 波浪线的错误画法

(3) 局部剖视图是一种比较灵活的表达方法,如运用得当,可使图形简明、清晰。但在同一个视图中局部剖的数量不宜过多,以免使图形过于破碎。

6.2.3 剖切面的种类

机件的内部结构形状不同,表达它们的形状所采用的剖切方法也不一样,无论采用哪种剖切面剖开物体,均可画成全剖视图、半剖视图或局部剖视图。

1. 用单一剖切面剖切

一般用平面剖切机件,也可用柱面剖切,本书只讲平面剖切,按照剖切平面位置的不同,可以分成以下两种方法:

(1) 用平行于某一基本投影面的平面剖切。前面所介绍的剖视图例均为采用该剖切方法获得的剖视图。

(2) 用不平行于任何基本投影面的平面剖切。当机件上倾斜部分的内部结构形状需要表达时,与斜视图一样,可以先选择一个与该倾斜部分平行的辅助投影面,然后用一个平行于该投影面的平面剖切机件,并将剖切平面与辅助投影面之间的部分向辅助投影面进行投射,如图 6.25 中"$B—B$"所示。

采用这种剖切面得到的剖视图最好放在箭头所指的位置,使之与原视图保持直接的投影关系,必要时可以移到其他位置。在不致引起误解时,允许将图形旋转放正,旋转角应小于 90°,并在剖视图上方标注剖视图名称及旋转方向,所标字母一律水平书写,如图 6.25 所示。

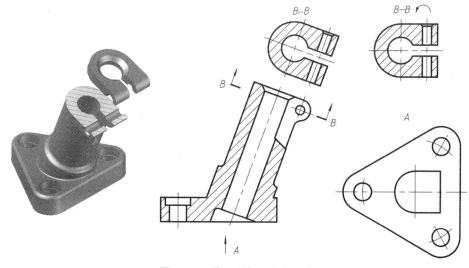

图 6.25 单一剖切面剖切示例

2. 用几个互相平行的剖切平面剖切

当机件上有较多的内部结构形状,而它们的轴线不在同一平面内,且按层次分布相互不重叠时,可用几个互相平行的剖切平面剖切。

图 6.26(a)所示的机件有较多的孔,且轴线不在同一平面内,若采用局部剖视图,则图形会很零碎,采用三个互相平行的剖切平面剖切,可获得较好的效果,如图 6.26(b)所示。

采用这种剖切面画出的剖视图必须标注,在剖切平面的起止和转折处画出剖切符号,标上同一字母,其转折符号成直角且应对齐,如图 6.26(b)所示。当转折处位置有限且不致引起误解时,允许只画转折符号,省略字母标注。

画图时应注意:

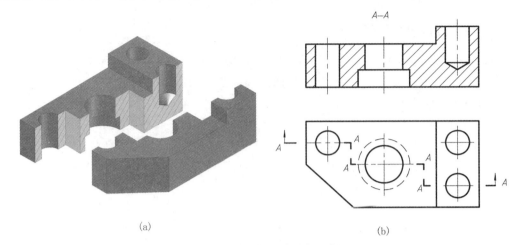

图 6.26 平行剖切平面剖切示例

（1）不应画出两剖切平面转折处的分界线，如图 6.27(a)所示。

（2）在剖视图中，不应出现不完整要素，如图 6.27(b)所示。仅当两个要素在图形上具有公共对称中心线或轴线时，可以各画一半，此时应以对称中心线或轴线为界，如图 6.27(c)所示。

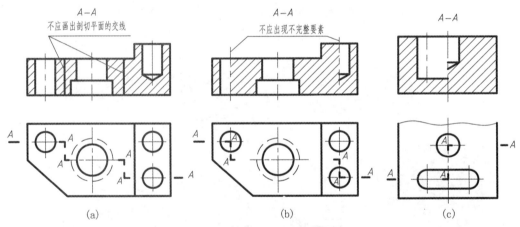

图 6.27 平行剖切平面剖切的注意点

3．几个相交的剖切平面剖切（交线垂直于某一投影面）

（1）用两个相交的剖切平面剖切：当机件在整体上具有回转轴时，为了表达其内部结构，可用两个相交的剖切平面剖开，如图 6.28 所示。

采用这种剖切面画剖视图时，首先把由倾斜平面剖开的结构连同有关部分旋转到与选定的基本投影面平行，然后再进行投影，使剖视图既反映实形又便于画图。而处在剖切平面之后的其他结构一般仍按原来位置投影。

当剖切后产生不完整要素时，应将此部分按不剖绘制，如图 6.29 所示。

采用这种画法必须进行标注。在剖切平面的起止和转折处，应画出剖切符号，标上同一字母，并在起、止处画出箭头表示投影方向。在相应的剖视图的上方用同一字母标注出视图的名称"×—×"。当转折处位置有限又不致引起误解时，允许只画转折符号，省略标注字母。

（2）用一组相交的剖切平面剖切：当机件的内部结构形状较复杂，用前述的几种剖切面不能表达完全时，可采用一组相交的剖切平面剖切机件，这些剖切平面可以平行或倾斜于某一投影面,但它们必须同时垂直于另一投影面,倾斜剖切平面剖切到的部分应先旋转后再投影,如图 6.30 所示。采用这种画法时,可结合展开画法,此时应标注"×—×展开",如图 6.31 所示。

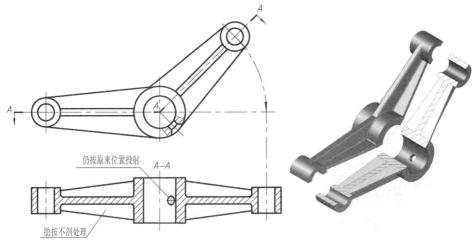

图 6.28 相交剖切平面剖切示例(一)

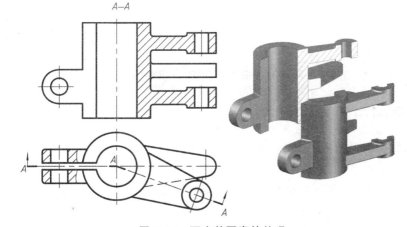

图 6.29 不完整要素的处理

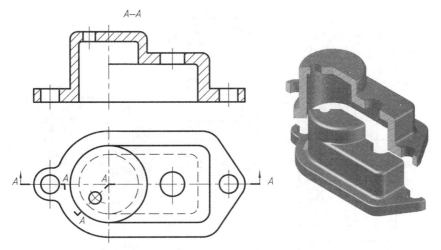

图 6.30 相交剖切面剖切示例(二)

以上分别叙述了国家标准规定的三种剖视图和三种剖切面。对于不同类型的机件,如何恰当地选用剖视图和剖切面,应根据机件的结构形状和表达的需要来确定。

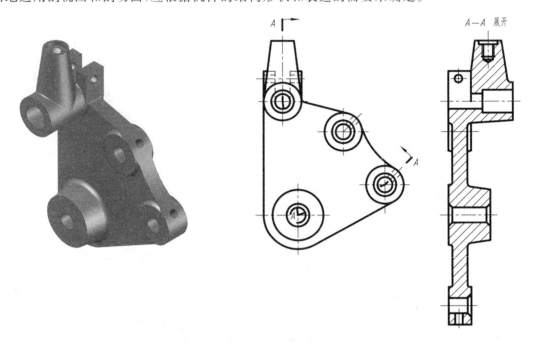

图 6.31 相交剖切面剖切示例(三)

6.2.4 剖视图中的规定画法

1. 肋和轮辐在剖视图中的画法

对于机件上的肋、轮辐及薄壁等结构,若是纵向剖切(剖切平面通过其基本轴线或对称平面),这些结构在剖视图上都不画剖面符号,而用粗实线将它与其邻接部分分开,如图 6.28 和图 6.32 所示。

图 6.33 所示的带轮轮辐,在主视图中剖切平面通过其轴线,也应不画剖面符号。

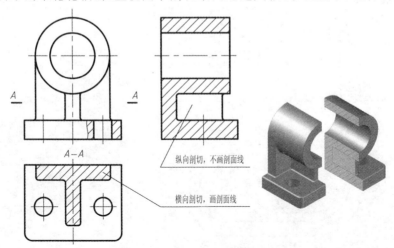

图 6.32 肋在剖视图中的画法

当剖切平面横向剖切肋、轮辐及薄壁等结构时,要在剖视图上画出剖面线。如图 6.32 所示。

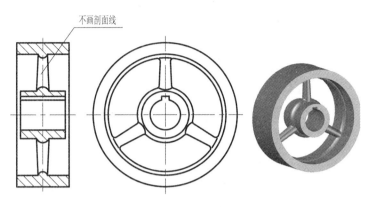

图 6.33 轮辐在剖视图中的画法

2. 回转体上均匀分布的肋、孔、轮辐等结构在剖视图中的画法

在剖视图中,若机件呈辐射状均匀分布的肋、孔、轮辐等结构不处于剖切平面上时,可假想使其旋转到剖切平面的位置,再按剖开后的形状画出,如图 6.33 和图 6.34 所示。在图 6.34（a）和（b）的主视图中,小孔采用了简化画法,即只画出一个孔的投影,其余的孔只画中心线。

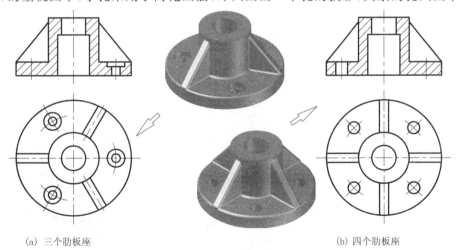

(a) 三个肋板座　　　　　　　　　　　　(b) 四个肋板座

图 6.34 均匀分布的肋板和孔的画法

6.3　断面图

6.3.1　断面图的概念

断面图是用来表达机件某部分断面结构形状的图形。

假想用剖切平面将机件的某处切断,仅画出断面的图形,这种图形称为断面图,简称断面,如图 6.35 所示。

断面图与剖视图的区别在于断面图一般只画切断面的形状,而剖视图不仅画切断面的形状,还要画出切断面后可见轮廓的投影。

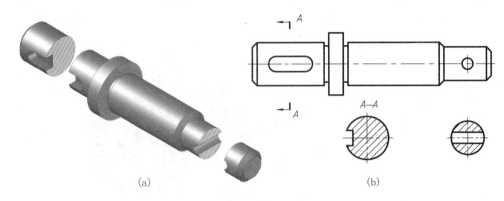

图 6.35 断面图的概念

6.3.2 断面图的种类

断面图可分为移出断面图(或称移出断面)和重合断面图(或称重合断面)两种。

1. 移出断面

画在视图外部的断面图称为移出断面,如图 6.35(b)所示。

(1) 移出断面的画法:

① 移出断面的轮廓线用粗实线绘制。

② 移出断面应配置在剖切线的延长线上或其他适当的位置,如图 6.35 和图 6.36 所示。断面图形对称时,也可画在视图的中断处,如图 6.37 所示。在不致引起误解时,允许将图形旋转,但要标注清楚,如图 6.38 所示。

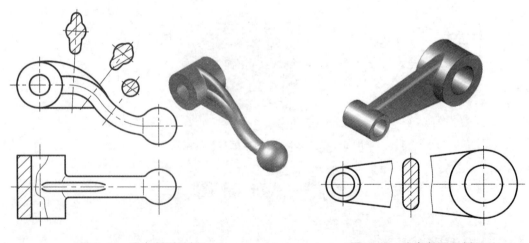

图 6.36 移出断面示例(一)   图 6.37 移出断面示例(二)

③ 由两个或多个相交的剖切平面剖切机件得出的移出断面,中间应断开,如图 6.39 所示。

④ 当剖切平面通过回转面形成的孔或凹坑轴线时,这些结构按剖视绘制,如图 6.35 和图 6.40 所示。

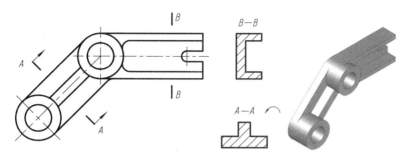

图 6.38　移出断面示例(三)

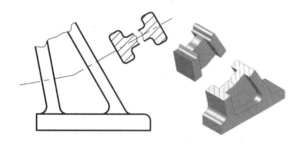

图 6.39　移出断面示例(四)

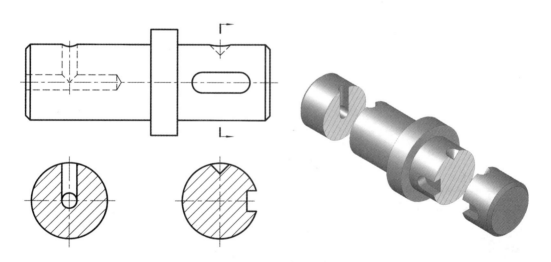

图 6.40　移出断面示例(五)

⑤ 当剖切平面通过非圆孔,会导致出现完全分离的两个剖面时,这些结构也应按剖视绘制,如图 6.41 所示。

(2) 移出断面的标注:移出断面一般用剖切位置符号表示剖切位置,用箭头指明投射方向,并注上字母。在断面图的上方,用同样的字母标出断面图的名称"×—×",如图 6.35 中的"A—A"。

配置在剖切符号延长线上的对称移出断面(如图 6.35 右边断面图、图 6.36、图 6.40 左边断面图),以及配置在视图中断处的对称移出断面(见图 6.37),均可不作任何标注;配置在剖切符号延长线上的不对称移出断面,可省略字母(见图 6.40 右边的断面图);按投影关系配置的移出断面,可省略箭头(见图 6.38 中的 B—B)。

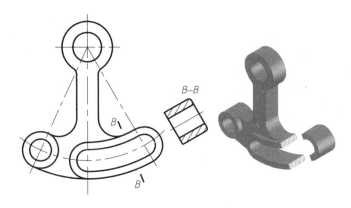

图 6.41 移出断面示例(六)

2. 重合断面

画在视图内部的断面图称为重合断面,如图 6.42 所示。

(1) 重合断面的画法:

① 重合断面的轮廓线用细实线绘制。

② 当视图中轮廓线与重合断面的图形重叠时,视图中的轮廓线仍应连续画出,不可间断,如图 6.42 和图 6.44 所示。

(2) 重合断面的标注:重合断面图形不对称时,须画出剖切符号及投影方向,可不标字母,如图 6.42 所示;当重合断面图形对称时,可不加任何标注,如图 6.43 和图 6.44 所示。

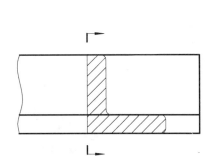 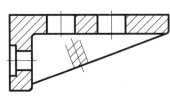 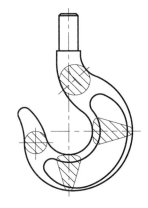

图 6.42 重合断面示例(一)　　图 6.43 重合断面示例(二)　　图 6.44 重合断面示例(三)

6.4　局部放大图及简化画法

为了使图形清晰和画图简便,国标规定了机件图样可采用局部放大及简化画法。

6.4.1　局部放大图

将机件的部分结构,用大于原图形采用的比例画出的图形,称为局部放大图,如图 6.45 所示。

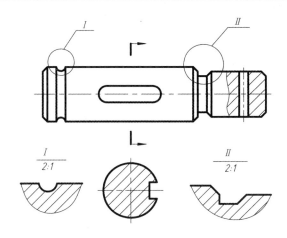

图 6.45 局部放大图

局部放大图可画成视图、剖视、断面,它与原视图的表达方法无关。局部放大图应尽量配置在被放大部位的附近,并用波浪线画出被放大部分的范围。

绘制局部放大图时,应在原图上用细实线圆圈出被放大的部位。当机件上仅一处被放大时,在局部放大图的上方只需注明所采用的比例;若多处被放大时,须用罗马数字依次标明被放大部位,并在局部放大图上方标注出相应的罗马数字和所采用的比例。

6.4.2 简化画法

为了简化作图,国家标准规定了若干简化画法,下面仅介绍常用的几种:

(1) 当机件上具有若干相同结构(如齿、槽等),并按一定规律分布时,只需画出几个完整的结构,其余用细实线连接,但须在图中注明该结构的总数,如图 6.46 所示。

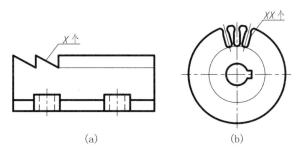

图 6.46 相同要素的简化画法(一)

(2) 若干直径相同且成规律分布的孔(圆孔、螺孔等),可以只画一个或几个,其余用点画线表示中心位置,同时注明孔的总数,如图 6.47 所示。

(3) 在不致引起误解时,零件图中的移出断面,允许省略剖面符号,但剖切位置和断面图标注必须按原规定标注,如图 6.48 所示。

(4) 当图形不能充分表达平面时,可用平面符号(相交的两条细实线)表示。这种表示法常用于较小的平面。表示外部平面和内部平面的符号是相同的,如图 6.49 所示。

(5) 机件上较小的结构,如果在一个视图上已表达清楚时,其他图形可简化或省略,如图 6.50 箭头所示。

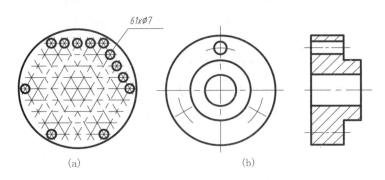

图 6.47 相同要素的简化画法(二)

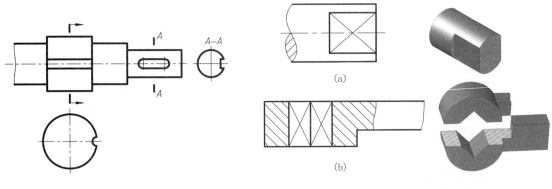

图 6.48 断面图简化画法　　　图 6.49 平面的简化画法

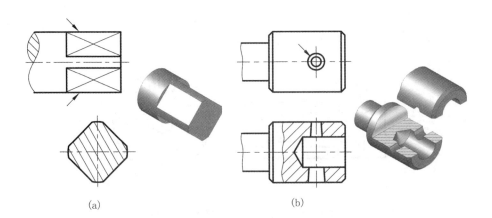

图 6.50 省略画法

(6) 在不致引起误解时,相贯线允许用直线代替,如图 6.50(b)俯视图中的相贯线及图 6.51 中的相贯线。

(7) 圆柱形法兰上均匀分布的孔可按图 6.52 方法表示(由外向法兰端面投射)。

(8) 较长的机件(如轴、杆等),当其沿长度方向的形状一致或按一定规律变化时,可断开后缩短绘制,但要标注实际尺寸,如图 6.53 所示。

(9) 与投影面倾斜角小于或等于 30°的圆或圆弧,其投影可用圆或圆弧代替投影的椭圆,如图 6.54 所示。

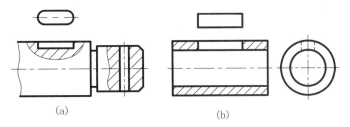

图 6.51 相贯线的简化画法

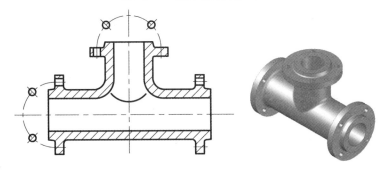

图 6.52 圆柱形法兰上的简化画法

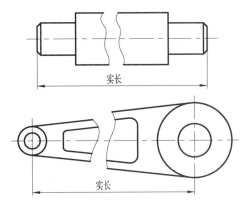

图 6.53 长度方向简化画法

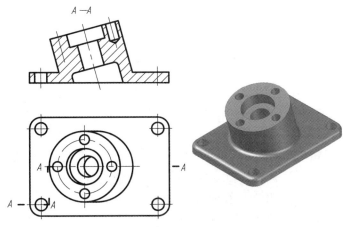

图 6.54 倾斜圆的简化画法

6.5 表达方法综合应用举例

前面介绍了机件常用的各种表达方法。对于每一个机件,都有多种表达方案。当表达一个机件时,应根据机件的具体结构形状进行具体分析,通过方案比较,逐步优化,筛选出最佳表达方案。确定表达方案的原则是:在正确、完整、清晰地表达机件各部分结构形状的前提下,力求视图数量恰当,绘图简单,看图方便。

[例 6.1] 根据图 6.55(a)所示轴承支架的三视图,想像出它的形状,并用适当的表达方法重新画出轴承支架。

分析与作图:

(1) 由三视图想像轴承支架的形状:根据图 6.55(a)的投影关系可以看出,支架共分三部分:轴承(空心圆柱)、有四个通孔的倾斜底板、连接轴承与底板的十字肋,而且支架前后对称。

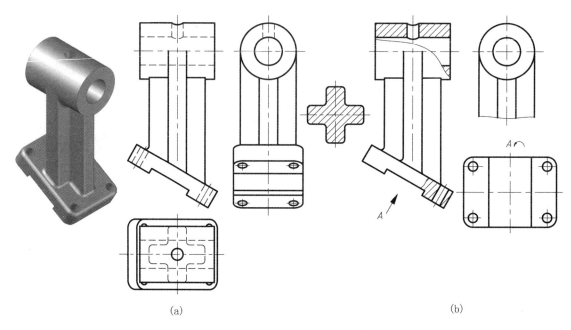

图 6.55 轴承支架的表达方案

(2) 选择适当的表达方案:图 6.55(a)用三视图来表达支架显然是不合适的,需重新考虑表达方案。根据支架的结构特点,采用了图 6.55(b)所示的表达方案。

主视图的投影方向不变,可反映支架在机器中的安装位置。采用两处局部剖视,既表达了肋、轴承和底板的外部结构形状及相互位置关系,又表达了轴承孔、加油孔以及底板上四个小孔的形状。左视图为局部视图,表示轴承圆柱与十字形肋的连接关系和相对位置。倾斜底板采用 A 向斜视图,表示其实形及四个孔的分布位置。移出断面表示十字肋的断面实形。

以上用了四个视图表达支架的结构形状,既简单又清晰。

[例 6.2] 根据图 6.56(a)所示四通管的三视图,想像出它的形状,并用适当的表达方法重新画出四通管。

分析与作图：

(1) 由三视图想像四通管的形状：根据图 6.56(a) 的投影关系可以看出，该机件可分为直立圆筒、侧垂圆筒和斜置圆筒三部分，各圆筒端部法兰盘的形状共有三种。四通管上下、前后、左右均不对称。

(2) 选择适当的表达方案：根据四通管的结构特点，采用了图 6.56(b) 所示的表达方案。

为表达内部三孔连通关系及相对位置，主视图采用了两个相交的剖切平面剖切得到一个 $A—A$ 局部剖视图；为了补充表达三个圆筒的位置关系，俯视图采用两个互相平行的剖切平面剖切后得到 $B—B$ 全剖视图，同时表达了底部法兰盘的形状及孔的分布情况；C、D 局部视图，分别表达了顶端、左端法兰盘的形状及连接孔的位置；斜置圆筒端部法兰盘的形状及孔的位置是通过 E 向斜视图予以表达的。

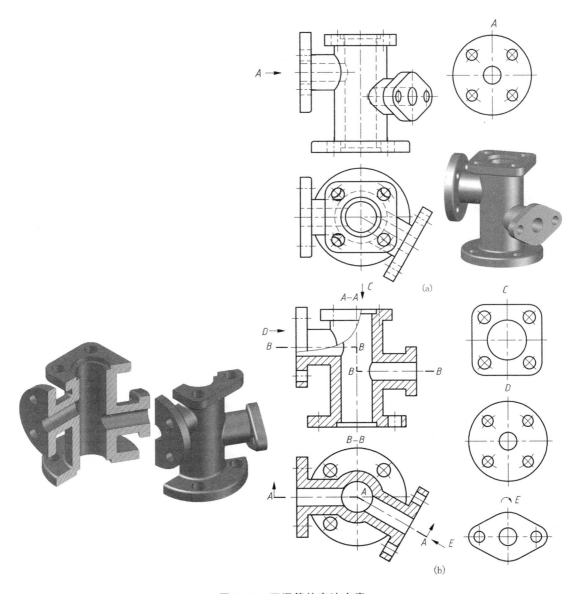

图 6.56　四通管的表达方案

6.6 第三角投影法简介

根据国家标准规定,我国采用第一角投影法,因此前述各章均以第一分角来阐述投影的问题。但有些国家如美国、英国则采用第三角投影法,为了更好地进行对外经济技术交流,我们应该了解第三角投影法。

图 6.57 示出了两个互相垂直的投影面,它把空间分成四个分角 I、II、III、IV。前面所讲的采用第一分角画法时,物体置于第一分角内,即物体处于观察者与投影面之间,保持人—物—图的关系进行投影。如图 6.58(a)所示,按规定展开投影面,如图 6.58(b)所示;采用第三角画法时,物体置于第三分角内,即投影面处于观察者与物体之间,保持人—图—物的关系进行投影,如图 6.59(a)所示。在 V 面上形成的由前向后的投射所得视图称为主视图,在 H 面上形成的由上向下投射所得的视图称为俯视图,在 W 面上形成的由右向左

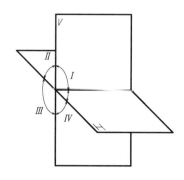

图 6.57 四个分角

投射所得的视图称为右视图。投影面的展开过程是:主视图 V 面不动,分别把 H 面、W 面各自绕它们与 V 面的交线旋转,与 V 面展开成一个平面。其中俯视图位于主视图上方,右视图位于前视图右方,如图 6.59(b)所示。

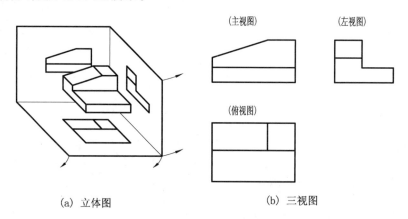

(a) 立体图   (b) 三视图

图 6.58 第一角投影法

同我国机械制图标准一样,为表达形式多样的机件的需要,第三角画法也有六个基本视图,其配置如图 6.60 所示。

在国际标准中规定,可以采用第一角投影法,也可采用第三角投影法。为了区别两种画法,规定在标题栏内(或外)用一个标志符号表示,如图 6.61 所示。读图时应首先对此加以注意,方可避免出错。图 6.62 示出的机件,只有在搞清楚该图是采用第一角画法,还是采用第三角画法时,才能确切知道小孔是在前边还是在后边。

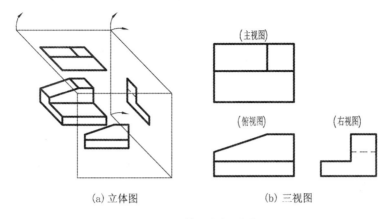

图 6.59　第三角投影法

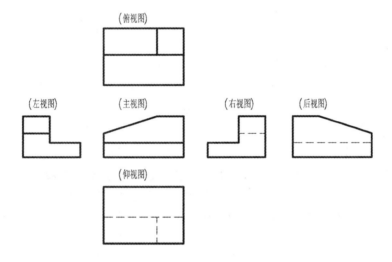

图 6.60　第三角投影法六个基本视图的配置

图 6.61　第一、三角画法标记

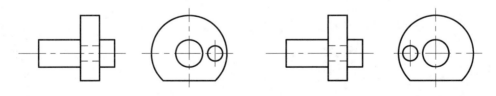

图 6.62　机件在第一、三角中的画法

参考文献

[1] 何铭新,钱可强. 机械制图[M]. 7版. 北京:高等教育出版社,2016.
[2] 大连理工大学工程图学教研室. 画法几何学[M]. 7版. 北京:高等教育出版社,2016.
[3] 大连理工大学工程图学教研室. 机械制图[M]. 北京:高等教育出版社,2016.
[4] 戚美. 机械制图[M]. 北京:机械工业出版社,2013.
[5] 梁会珍. 现代工程制图[M]. 北京:机械工业出版社,2013.
[6] 王农. 工程图学基础[M]. 北京:北京航空航天大学出版社,2013.
[7] 杨德星,袁义坤. 工程制图基础[M]. 北京:清华大学出版社,2011.
[8] 顾东明. 现代工程图学[M]. 北京:北京航空航天大学出版社,2008.
[9] 涂晶洁. 机械制图[M]. 北京:机械工业出版社,2013.
[10] 丁一,钮志红. 机械制图[M]. 北京:高等教育出版社,2012.
[11] 管殿柱,张轩. 工程图学基础[M]. 北京:机械工业出版社,2016.
[12] 胡建生. 机械制图[M]. 北京:机械工业出版社,2016.
[13] 叶琳. 工程图学基础教程[M]. 北京:机械工业出版社,2015.
[14] 焦永和. 工程制图[M]. 北京:高等教育出版社,2008.
[15] 王兰美,殷昌贵. 画法几何及工程制图[M]. 北京:机械工业出版社,2007.
[16] 范波涛,张慧. 画法几何学[M]. 北京:机械工业出版社,1998.
[17] 李绍珍,陈桂英. 机械制图[M]. 北京:机械工业出版社,1998.